水-应力作用膨胀土力学特性
与深基坑支护技术

李 涛 著

机械工业出版社

本书针对我国广泛存在的膨胀类土体，首先通过 X 射线衍射、扫描电镜、CT 试验、力学试验，探讨了膨胀土体的细观结构、力学特性及土水特征曲线演化规律，深入分析了水-应力耦合作用下膨胀性土体的强度特性；在此基础上，从微细观结果和宏观试验结果出发，建立了微细观-宏观力学模型与细胞自动机仿真计算模型；最后通过室内试验，分析了膨胀土中锚索的预应力变化规律，进而通过物理相似模拟分析了深基坑支护结构体系的受力变形规律，提出了膨胀性土体条件下深基坑支护桩的受力变形计算方法。

本书可作为土木工程专业研究生相关课程的参考教材，也可作为深基坑工程与土力学研究者及相关工程技术人员的参考书。

图书在版编目（CIP）数据

水-应力作用膨胀土力学特性与深基坑支护技术/李涛著. —北京：机械工业出版社，2019.4

ISBN 978-7-111-62459-2

Ⅰ.①水… Ⅱ.①李… Ⅲ.①膨胀土-土力学-应用分析 ②深基坑支护-应力分析 Ⅳ.①TU475 ②TU46

中国版本图书馆 CIP 数据核字（2019）第 068090 号

机械工业出版社（北京市百万庄大街 22 号　邮政编码 100037）
策划编辑：马军平　责任编辑：马军平
责任校对：王明欣　封面设计：张　静
责任印制：郜　敏
北京圣夫亚美印刷有限公司印刷
2019 年 6 月第 1 版第 1 次印刷
169mm×239mm · 12.5 印张 · 236 千字
标准书号：ISBN 978-7-111-62459-2
定价：59.00 元

凡购本书，如有缺页、倒页、脱页，由本社发行部调换

电话服务　　　　　　　　　　网络服务
服务咨询热线：010-88379833　机 工 官 网：www.cmpbook.com
读者购书热线：010-68326294　机 工 官 博：weibo.com/cmp1952
　　　　　　　　　　　　　　教育服务网：www.cmpedu.com
封面无防伪标均为盗版　　　金 书 网：www.golden-book.com

前　言

随着国民经济的发展和城市化水平的提高，城市化建设规模不断扩大，需要地上与地下建设协调发展，综合利用土地，形成多层次、立体化的现代城市系统。然而，在我国，不同城市地层条件差异较大，施工难度大，地面沉陷、基坑垮塌、隧道涌水、建筑损害或倒塌现象频发，往往造成严重的经济损失与社会影响。膨胀土具有特殊的性质，对建筑、路基、边坡及堤坝等工程危害极大，在国内外，几乎年年都会有膨胀土对工程造成巨大损失的事故发生，可见膨胀土地层水致损伤预控是地下工程建设中亟待研究的最重要问题之一。

围绕这一课题，作者选取西南地区典型膨胀性土体为研究对象，首先开展一系列土体物理力学性质、X射线衍射、扫描电镜、CT试验、力学试验等室内试验研究，测定不同干湿循环次数后膨胀土的基质吸力，进而获得了膨胀土的土水特征曲线，继而量测不同干湿循环次数后的膨胀土样表观裂隙，得到干湿循环对膨胀土裂隙演化的影响规律，并对膨胀土开展直剪试验研究了含水率、干密度、干湿循环次数对膨胀土抗剪强度的影响；然后从细观结果和宏观试验结果出发，建立了细—宏观力学模型与细胞自动机仿真计算模型；最后通过室内试验分析了膨胀土含水率变化对锚索预应力损失的影响规律，进而通过物理相似模拟分析了深基坑支护结构体系的受力变形规律，并基于弹性地基梁法理论，应用分段独立坐标法，提出了一种特殊地层条件基坑不同开挖深度下支护结构受力变形计算的方法。本书是上述工作的系统总结，具体内容如下：

第1章绪论论述了本书的研究依据与意义，对国内外研究现状进行了综述，从膨胀土土水特征曲线研究、膨胀土裂隙产生发展研究、支护桩体与膨胀土相互作用研究、锚索与膨胀土相互作用的研究、支护结构土压力方面的研究等几个方面详细介绍了此领域相关研究基础和进展。

第2章水-应力作用下膨胀土物理力学特性试验研究，比较分析了成都膨胀土的土水特征曲线的拟合方程，研究了干湿循环次数与拟合参数间关系，获得了体积含水率、基质吸力、干湿循环次数之间的数学表达式；发现循环次数与裂隙面积率、裂隙长度比、裂隙分割土块数量表呈正相关；探求了含水率、干密度、干湿循环次数等因素对膨胀土抗剪强度指标的数学关系。

第3章水-应力作用下膨胀土微细观-宏观物理力学特性研究，简要叙述了非饱和土抗剪强度理论，研究了土体微细观层次中力的相互作用，建立了微观六边形几何模型。建立了膨胀性土体损伤破坏的细胞自动机模型，再现其水致渐进损伤演化特性，并通过计算机编程实现应力耦合下的水致渐进损伤破坏过程的细胞自动机模型模拟。

第4章膨胀土中锚索应力变化规律试验研究，采用室内模型试验研究了水-应力耦合作用下膨胀土锚杆的预应力损失规律，测出锚杆应力稳定值并算出相应的预应力损失比，根据测出的结果并结合推导公式分析出锚固段的受力规律。

第5章深基坑支护结构受力变形的室内模型试验研究，运用相似模型试验，通过9组正交试验研究了附加应力大小、力—桩距和嵌固深度比对支护桩变形的影响大小，得到桩顶水平变形经验公式。

第6章膨胀土地层基坑支护结构受力变形计算理论，基于弹性地基梁理论，考虑特殊地层条件及基坑开挖过程的影响，根据桩端边界条件、桩体分段处变形连续条件及力的平衡条件获得了方程的解。

本书主要研究成果是在国家自然科学基金（51508556、51274209、50674095、51508556）、教育部新世纪优秀人才资助项目、中国矿业大学（北京）青年越崎学者项目的资助下完成的。本书撰写过程中得到有关专家指导与帮助，在此表示感谢。

由于作者的水平有限，书中难免存在不妥之处，敬请读者批评指正。

李　涛

目　　录

第1章

绪　论

膨胀土是自然地质形成过程中，由亲水性较强的黏土矿物组成的高塑性黏土，并且具有超固结性，多裂隙性，遇水产生明显膨胀、失水后收缩开裂的反复胀缩性。膨胀土在世界六大洲中的 40 多个国家都有分布，在世界岩土工程界素有"癌症"之称。全世界由膨胀土问题造成的损失平均每年高达 50 亿美元以上。我国是世界上膨胀土分布最广、面积最大的国家之一，四川、云南、广西、贵州、广东、湖南、河南、安徽、山东、河北等 20 多个省的 180 多个市、县都有大量膨胀土地层的存在，总面积在 10 万 km² 以上。由于膨胀土具有特殊的性质，对建筑、路基、边坡及堤坝等工程危害极大。在国外，膨胀土几乎年年都会对工程造成巨大损失，故有人把膨胀土称作"隐藏的灾难"。随着地下空间的迅猛发展，膨胀土体的损伤破坏机理，以及由此对地下工程产生的影响便成为岩土工程界必须面对并加以解决的一个重要的技术难题。

21 世纪是"地下空间"的世纪，环境与地层的复杂性、特殊性赋予了地下工程安全控制新的内涵，使地下支护结构破坏机理、地下结构与特殊土体相互作用研究成为岩土工程热点问题。膨胀土的裂隙性是其具有的独特特性，裂隙的分布、方向、位置及不同裂隙的组合等都会对土体的强度特性、变形特性产生十分巨大的影响，进而对土体中的地下结构产生作用，影响地下工程的安全稳定。由于不同地区膨胀土的物理力学性质差异较大，加之前期研究不足，理论与实践脱节，使得设计不周或施工措施不利等造成基坑垮塌、建筑损害或倒塌、地下管线等城市生命线工程损害的事故时有发生，往往造成严重的经济损失与社会影响。因此，对膨胀土物理力学性质以及地下结构与膨胀土相互作用的研究有望丰富特殊土工程地下结构安全控制理论的外延，对我国铁路、公路、市政、水电站建设中遇到的膨胀土地层研究具有重要的参考价值。

1.1　水-应力作用下膨胀土特性研究现状

1.1.1　膨胀土土水特征曲线影响研究

水-岩土相互作用研究是岩土工程领域的前沿课题之一。现阶段，岩土力学的研究侧重于岩土体与流体间力学耦合，从渗流场与形变场相互作用角度进行研究，主要包括：渗流-应力耦合研究（渗流-应力耦合、渗流与应力-应变场耦合及其数学力学模型），渗流-应力-损伤耦合研究方面等。

在渗流-应力耦合研究方面，自 Biot[1] 于 1941 年第一个建立基于流固耦合效应的力学理论以来，多孔介质与裂隙介质的渗流-应力耦合研究众多，如 Brace（1978）[2]、Snow（1968）[3] 等。我国学者何翔[4]、仵彦卿[5]、盛金昌（1998）[6]、周翠英[7]、叶源新（2005）[8]、陈卫忠（2005）[9]、王建秀（2008）[10]、韩炜洁（2009）[11]、张春会（2009）[12]、贾彩虹（2010）[13]、刘洋（2011）[14]、陶煜（2012）[15]、张玉（2014）[16]、师文豪（2015）[17]、陈卫忠（2015）[18]、卢玉林（2016）[19]、刘念（2016）[20]、曾晋（2018）[21] 等在理论研究、实验研究与工程应用研究等方面也取得了长足的进展。

在渗流-应力-损伤耦合研究方面，主要研究孔隙、裂隙扩展与渗流演化问题。张玉卓、张金才[22] 通过对较大尺寸的裂隙岩体试块进行不同侧压力和加载条件下的渗流试验研究，分析了裂隙岩体渗流与应力的耦合机理，得出不同应力条件下裂隙岩体渗流量与应力成四次方的关系，并且得出并非压应力都引起裂隙岩体的渗流量减小，当裂隙岩体受平行于裂隙面方向的单向压应力时，渗流量随着压应力的增加而增加。仵彦卿[23] 分析了裂隙岩体中应力与渗流之间的关系，提出了考虑岩体中应力作用的方向性的应力与渗流关系式、渗透压力与裂隙变形的关系式以及裂隙岩体应力场与渗流场耦合模型。刘波、韩彦辉[24] 在数值开发和数值实现方面做了大量的研究。杨天鸿、唐春安、李连崇等[25]，应用自主开发的数值模拟系统，通过数值试验，很好地描述了岩石破坏损伤演化过程中渗流场变化规律，包括岩石在应力-应变曲线不同阶段的渗透率演化规律、非均匀性对渗流场分布和渗透率的影响。贾善坡（2009）[26]、沈振中（2009）[27]、李金兰（2014）[28]、冉小丰（2015）[29]、王军祥（2015）[30]、毕靖（2016）[31]、赵延林（2017）[32]、陆银龙[33]、杨延毅[34]、李世平（1995）[35]、刘耀儒[36]、汤连生（1996）[37] 等学者也在这一方面进行了大量的研究。

然而，耦合研究多基于有效应力原理，若以此分析水对复杂岩土作用机理，是存在缺陷的。水-岩土作用通常包括物理作用（吸水膨胀、软化与泥化）、化学作用（离子交换、水化、水解、溶解、溶蚀）和力学作用（天然或扰动下静水压力、动水压力、附加荷载作用等）。水-岩土相互作用不只是简单的力学效应，而是复杂的物理化学作用与应力腐蚀的过程。因此，在进行常规物理力学实验时，也应该进行微细观方面的研究，以了解微细观层次下，水-岩土之间的物理化学作用。葛修润院士领导的课题组在 CT 扫描进行常温与负温下岩土全过程的破坏实验仪器研制与研究方面取得了开创性成果[38]。王清、王凤艳、肖树芳[39] 在不同类型黏性土的研究基础上，通过 SEM（Scanning Electron Microscopy）图像处理技术，提出了黏性土微观结构中结构单元形态、定向性、孔隙特性，并对几种黏性土在不同剪切荷载下的变形进行了分析。刘波、陶龙光、严继华[40]在土体微观结构方面也进行了大量的试验研究工作。程昌炳，刘少军，王远发等[41]论证了胶结土在剪切带上的胶结强度和土体的黏聚力一致，这表明岩土介质的宏观特性与微细观特性密切相关。综合以上分析可以看出，通过对岩土体微细观的研究，建立微-细-宏观跨层次渐进破坏模型，是解决此问题的合理方法。

1.1.2 膨胀土裂隙产生发展研究现状

膨胀土主要是由亲水性黏土矿物组成，具有膨胀结构、多裂隙性、强胀缩性和强度衰减性，一般在天然状态下常处于坚硬状态，对气候和水文因素有较强的敏感性。对于复杂红黏土地层等，处于复杂环境中的水物理化学作用以及水对孔隙裂隙介质损伤演化是复杂的时空动态过程。目前，膨胀土性质研究主要集中在膨胀土的胀缩特性、微观结构、渗透性、强度和变形方面。

在物理力学特性（胀缩、强度、变形）方面，E. E. Alonso、J. Vaunat、A. Gens[42]，提出了一个考虑微观层次和宏观层次的膨胀土力学模型，通过湿润状态下和干燥状态下两个函数来对这两个结构层次进行力学耦合，同时指出宏观结构孔隙率改变的原因是微观结构孔隙率的变化，它们与宏观结构的密实度有关。姜洪涛[43]探讨了红黏土的成因及其对工程性质的影响。赵颖文[44-45]通过室内试验对广西贵港红黏土、湖北荆门弱膨胀土与中膨胀土的物理力学性质指标、原状样脱湿过程中的强度变化、击实样泡水前后强度变化及脱湿吸湿性能等方面进行了对比试验研究。徐永福[46]探讨了弹塑性本构理论关系。郝月清等[47]总结归纳了膨胀土胀缩变形的有关理论，在论述各理论解释膨胀土胀缩变形机理的基础上对它们进行了简要评析，指出了有关理论的异同和内在联系。卢再华[48]等以复合体损伤理论为基础，建立了非饱和原状膨胀土的弹塑性损伤本构模型。H. R. Thomas、P. J. Cleall[49]发展了膨胀土中热力和孔隙中流体流动相互耦合的模型。Yusuf Erzin、Orhan Erol[50]通过对膨胀土吸力的研究来预测膨胀压力。Lynn Schreyer-Bennethum[51]建立了膨胀孔隙材料在宏观尺度下的流体流动和材料变形理论公式。在膨胀土强度理论研究方面，主要分为饱和土抗剪强度理论和非饱和土抗剪强度理论。从饱和土抗剪理论来看，膨胀土强度衰减主要原因是膨胀性、裂隙性和超固结性。Holtz、Gibbs[52]、廖济川[53]、孔官瑞[54]、李妥德[55]等在这一方面也取得了有重要意义的研究成果。近年来，非饱和土的研究越来越受到重视，Bishop[56]、Fredlund[57-59]等在这方面作出了突出的贡献，卢肇钧[60]继Fredlund和Bishop之后，分析了抗剪强度的三个组成部分：黏聚力、摩阻力和吸附强度，提出了用膨胀压力来估算非饱和土吸附强度的关系式。

国内外有很多学者对膨胀土进行了微观结构方面的研究，Zhi－bin Liu、Bin

Shi[61]等采用 SEM 图像对土体结构进行定量分析的技术，是理解土体微观特性与宏观特性之间关系的常用技术。文中采用二元标示（0，1）来分析图像矩阵。矩阵的数值采用分形方法分析平面孔隙率的结构大小和土体分形维数之间的关系。M. Fukue、T. Minato[62]等利用电阻率的测量结果来确定黏性土体的微细观结构。文中的结构模型采用考虑气、液、固三相相互垂直的两个基本模型来表述，推导出了孔隙率、含水量与电阻率之间的理论关系。Derjaguin[63-64]、Ohshima[65]等对黏土矿物相邻两层间的膨胀压力进行了研究。1986 年 Quirk[66]指出膨胀土的结构是由叠加在一起的天然胶质薄片层组成的黏土颗粒，在它们的表面正负电荷保持平衡；同时发现黏土的叠胶排列方向和微观结构形貌可以改变黏土的类型和阳离子的数量。2003 年，Tuller[67]建立了由四层叠胶组成一个基本结构单元，进而由其组成一个平行六面体的微孔隙来代表黏土矿物的一个微观结构，从几何学和数学上来解释黏土遇水膨胀的微观结构的几何形状改变和演化过程。谭罗荣和孔令伟[68]研究了某类红黏土的土性特质，并对其进行了微观结构的研究。另外，黄质宏（2004）[69]，曹雪山（2005）[70]，徐永福（1997）[46]，吴礼舟、黄润秋（2005）[71]，何开胜[72]，沈珠江（2002）[73]，C. Hoffmann（2007）[74]，V. Navarro（2000）[75]，E. Romero、A. Gens（1999）[76]等学者也在膨胀土的本构关系、变形、渗透性和微观结构方面得出了很有意义的研究成果。另一方面，基于微细观结构图像进行裂隙定量化研究也取得了进展。Morris[77]建立了裂隙深度、土体特性和吸力分布之间的理论关系，提出了三种预测土体开裂深度的方法。Penev[78]提出了一个简单的方法，用于估算水泥路面层由约束产生的裂隙的间距和宽度。Chertkov[79]以裂隙排列关系和裂隙网络的不连续性作为度量准则对裂隙网络进行几何分类。袁俊平[80]对膨胀土裂隙网络进行了分类。胡卸文（1994）[81]、易顺民（1997）[82]、徐永福（1999）[83]、黎（2014）[84]、韦秉旭（2015）[85]等对裂隙的发育模式以及膨胀土裂隙的空间分布和动态演化特征进行了定量研究。在裂隙土水力学及强度特性研究方面，速宝玉（1994）[86]、孙役（1999）[87]、柴军瑞（2000）[88]、詹美礼（2002）[89]等对裂隙开度大小对渗流的影响进行了研究；徐永福（1997）[46]、姚海林（2001）[90]、卢再华（2002）[91]、詹良通（2003）[92]、缪林昌（2004）[93]、韦秉旭（2006）[94]、王保田（2008）[95]、郑健龙（2006）[96]、卢肇钧（1999）[97]、徐永福（2000）[98]、孔令伟（2004，2010）[99-100]、赵鑫（2014）[101]、杨和平（2014）[102]等通过室内试验和现场原位测试研究了膨胀土的强度特性，分析了膨胀土抗剪强度与裂隙面规模、产状的关系。上述研究结果表明，膨胀土的裂隙性及其在渗流-应力耦合作用下的演化规律是土体强度与内力变异的根源。

近年来，也有很多学者通过研究，建立反映材料微观和宏观两个物理层次的本构方程。经常采用的方法有细胞自动机、重正化群等。细胞自动机（cellular automata，简称 CA）模型最早是由乌拉姆于 20 世纪 50 年代提出，用以模拟生物系统的细胞间某些自组织现象的方法[103]。Montheillet[104] 等在单向拉伸情况下，用 CA 预测两相材料的力学特性。尾田十八[105] 等将加筋厚度作为细胞状态，按薄板受力情况逐步改变加筋厚度到达结构优化。Bernsdorf[106] 等用 CA 模型讨论在复杂障碍物情况下的流体流动。杨怀平[107] 等基于 CA 建立了一种实现水波动画的新算法。周尚志[108] 等根据混凝土的结构与破坏特征，建立了一种细胞自动机。李明田[109] 等基于细胞自动机理论和遗传算法，提出了一种物理细胞演化力学模型（ECA），该模型利用遗传算法搜索试验得到的应力-应变曲线对应的最佳能量耗散率，并模拟岩石的非均质性、各向异性等特性。周辉[110-111] 等根据岩体的结构与破坏特征，建立了一种新的细胞自动机——二维物理细胞自动机（PCA）的基本模型，该模型考虑了岩体材料的非均质性、非连续性和各向异性等特征。刘波、陶龙光、严继华课题组[40] 在国家自然科学基金《地铁建设-水致复杂地层渐进损伤致害机理与土体改良研究》的支持下，研究了广州红层的膨胀性，并初步建立了细胞自动机模型，该模型可以较好地反映土体的膨胀性，研究结果与试验结果也较为符合。

重正化群理论（renormalization group theory）是 1982 年授予 Wilson 诺贝尔物理学奖的理论，它的基本思想是先将小尺度上的运动（或涨落）平均，而将平均留下的"痕迹"体现在稍大尺寸的有效相互作用强度上，目的是在观测中改变粗视程度时获得物理量的定量变化。金龙[112] 等建立了描述岩石材料渐变破裂的重正化群模型，解析了临界概率和临界应力。周宏伟、谢和平[113] 从孔隙分布的网络模型入手，应用重正化群理论与方法，提出了二维孔隙介质渗透率的预计新方法。陈忠辉[114] 等针对脆性岩石细观强度非均匀、离散性特征，利用重正化群理论建立了岩石临界破坏重正化模型，系统研究了岩石宏观临界强度和细观强度的定量关系，采用条件概率方法处理模型中细观单元间的应力转移，从而求得岩石临界破裂时的临界概率，着重研究了岩石均质度与岩石峰值强度的理论关系。

综合以上国内外研究成果可以看出膨胀土研究的发展趋势：一是进一步加强膨胀土微观结构方面的研究，认识其胀缩变形、破坏机理，如谭罗荣[115] 等；二是建立微观结构特性与宏观物理特性之间的关系；三是加强现场测试，通过现场试验发展新的应用型数值分析计算理论和方法，如刘波[24]、韩彦辉[116] 等。因此，作者认为通过研究水土之间的物理化学作用，基于水理化作用与应力耦合下的微-细-宏观跨层次渐进损伤破坏的实验研究成果，建立水致岩土体损伤破坏机理的研究是一个很有潜力的研究方向。

1.2 深基坑支护结构与膨胀土相互作用研究现状

1.2.1 支护桩体与膨胀土相互作用研究现状

深基坑的安全稳定控制一直是岩土工程分析的重点和难点，涉及流固耦合、地层条件、渗流特征、空间特性、支护结构体系、桩-土相互作用及施工工艺等方面的内容。支护结构变形计算研究多基于极限平衡法、弹性地基梁法及数值计算方法分析等。土体的松散性、记忆性、结构性等使得土体展现出明显的非线性、弹塑性等性质，同时土体的物理力学性质也受应力历史、围压、加载速度等因素的影响。因此，大多数基于极限平衡法的计算结果与实际值相差较大。故为了获得较好的深基坑变形规律，大多学者采用了弹性地基梁法或数值计算方法进行分析计算。

弹性地基梁计算方法主要涉及土压力计算及地基土水平抗力两方面的研究。Terzaghi[117]、Peck[118]基于柔性支护结构大量的土压力测试成果分别给出了表观土压力图式，在基坑工程中得到了广泛应用。曾国熙（1988）[119]，高大钊（1995）[120]，刘建航、侯学渊（1997）[121]，宋二祥（1997）[122]，杨敏（1998）[123]，M. A. Youssef（2000）[124]，C. Y. Ou（2000）[125]，杨光华（2004）[126]，胡敏云（2000）[127]，高文华、杨林德（2000）[128]，邓子胜（2004）[129]，刘全林（2005）[130]，王立明（2005）[131]，Finno（2007）[132]，Paul（2008）[133]，龚晓南（1998）[134]，陈祖煜[135]，殷宗泽（2007）[136]，郑颖人（2006）[137]，郑刚（2009）[138]等在土压力计算、地基土水平抗力及基坑变形计算方面取得了显著的成果。随着计算机技术的发展，数值计算方法得到了巨大的发展，它主要是通过有限元法、离散元法、有限差分法、不连续变形分析方法（DDA）、流形元法等进行计算分析。孙钧（1993）[139]、杜修力（2014）[140]、贾金青（2005）[141]、龚晓南（2006）[142]、崔宏环（2006）[143]、徐中华（2008）[144]、刘开云（2012）[145]等在数值计算与模型建立方面取得了很好的研究成果。另一方面，王宁（2009）[146]、丁德馨（2000）[147]、熊孝波（2008）[148]、廖展宇（2009）[149]等学者基于神经网络、灰色理论等方法对支护变形进行预测。在膨胀土与土中构造物相互作用研究方面：英国运输与道路实验室与萨利大学进行了实验室尺寸的挡墙试验，研究了伦敦黏土的侧向膨胀力；范臻辉（2006）[150]对膨胀土与结构物基础面的特性进行了试验研究；黎鸿（2012）[151]基于灰色理论对膨胀土地层基坑支护结构变形进行了预测。岳大昌（2013）[152]、卫志强（2014）[153]、贾磊柱（2014）[154]、彭莹（2013）[155]、邓长茂（2011）[156]、杨果林（2014）[157]等对膨胀土深基坑工程的设计、施工、膨胀力测试方面进行了富有成效的研究，对认识膨胀土地层中深基坑变形控制起到了很好的借鉴作用。

1.2.2　锚索与膨胀土相互作用的研究现状

膨胀土层中锚杆的抗拔力与土体含水量密切相关。例如，郑新秀[158]等通过膨胀土—锚杆室内模型试验得到不同含水率情况下膨胀土的自由膨胀量变化规律，并通过浸水拉拔试验获得了锚杆的极限抗拔力与位移的关系曲线。现场试验和室内试验表明干湿循环情况下，锚固段与土体的黏结力会有明显下降。为了解决这个问题，吴顺川[159]等利用膨胀土吸水膨胀的特点提出自平衡预应力锚杆的新型支护方式，结合膨胀土的膨胀变形造成预应力损失的特性，在锚杆中加少量的预应力，利用土体的变形增大锚杆中的应力从而达到新的锚杆—土体系统的应力平衡；李凡[160]等通过工程试验发现通过添加减水剂和干法成孔的方法可以抑制膨胀土吸水膨胀的特性，使得膨胀土的锚杆预应力损失较少，同时通过抗拔试验进一步证明了这一方法可以增加锚杆的抗拔特性；丁振洲、王敬林、郑颖人[161]通过自主研发的扩孔器进行钻孔注浆，有效地降低了雨水作用造成的锚杆的预应力损失。在工程应用方面，有学者通过对膨胀土滑坡的理论分析，将锚索框架梁支护体系运用到实际膨胀土陡坡工程中，取得了很好的支护效果；也有学者通过数值模拟分析边坡坡率、锚杆长度与角度、间距等因素对膨胀土边坡稳定性的影响，并将分析结果成功应用于实际边坡设计中；邹文[162]等在膨胀土基坑中创新性地采用SMW工法和预应力锚杆相结合的支护方式，取得了很好的支护效果。

由于膨胀土特殊的微观结构、裂隙性、超固结性及胀缩特性等，在干湿循环条件下膨胀土基坑在开挖卸荷、干湿交替等外界因素作用下，膨胀土体力学性质及锚杆抗拔力等都会产生较大改变，致使基坑边坡的稳定性急剧下降，同时，由于土体内具有大量裂隙，膨胀土基坑边坡的破坏由表层浅部土块的滑裂变形逐渐向深部发展，致使基坑坍塌时有发生，严重制约我国地下工程建设的发展。

1.2.3　支护结构土压力方面的研究现状

土压力不仅是一个古老课题，也是研究课题中的一个热点、难点，大多土建工程中都会涉及，如土体与基础、土体与支挡结构、土体与地下防渗墙以及土体与桩体等的相互作用。经典库仑和朗肯土压力理论计算方法及力学概念清晰明确，自建立以来一直被广大工程设计者所采用。但两种经典理论都假定：挡土结构为刚体；土体为理想的刚塑性体；都遵循莫尔-库仑准则；土体均达到极限平衡状态。可见经典土压力理论存在着明显缺陷：实际工程中土体变形并未达到极限平衡状态；未考虑支护结构变位模式和基坑时空效应对土压力的影响；大量实验和现场测试结果表明土压力理论计算值与实测结果存在一定偏差。

由于传统土压力理论存在缺陷，在使用上有很大的局限性，加上工程设计和施工的不断复杂化，传统的土压力理论研究已不能满足工程实际需求。多年来，国内外岩土工作者做了大量的深入研究，取得了许多突破性的成果。

Terzaghi[163]通过大量的模型试验研究，分析总结试验数据得出：只有当土体水平位移达到土体能够发生剪切破坏时，运用经典土压力理论计算结果才正确。彭明祥[164]基于极限平衡理论和平面滑裂面假定，指出极限土压力是由墙后发生塑性变形的土体产生的，在此基础上建立了较为完善的滑楔分析模型，修正了库仑土压力理论的某些不足。彭明祥[165]以极限平衡理论为基础，建立静定可解极限平衡方程，应用滑移线法求解挡墙被动土压力，求解表明：被动土压力一般小于或等于库仑解，但和朗肯土压力计算结果一致。姜朋明等[166]依据上下限定理推论，根据土体应力、位移速度不连续的性质，将重土及土墙之间的摩擦均考虑在内，通过大量的数值计算，解出了相应的静力场、应力场和土压力的严密解。Handy[167]假定墙后小主应力为悬链式轨迹线，假设挡墙后滑动楔体的滑裂面倾角为 $\frac{\pi}{4} + \frac{\varphi}{2}$，滑裂面处小主应力为水平方向，得出了挡土墙后侧土压力系数计算方法和土压力分布形式。蒋波[168]、应宏伟[169]等假定挡土墙后土体小主应力拱为圆弧形，根据土拱形状计算平均竖直应力，得到土体不同内外摩擦角的侧土压力系数，在此基础上应用水平微分单元法求解主动土压力，得到了挡土墙主动土压力强度、合力及作用点的理论计算公式。水土压力问题学者们也做了大量研究，共有三种观点：水-土压力分算、水-土压力合算和引入修正系数将水土压力混合计算。徐日庆等[170]、杨庆光等[171]考虑墙体平动位移对墙后填土内外摩擦角影响、挡土墙平动位移效应对土压力计算的影响进行研究，总结出在此影响下非极限状态土压力计算公式。刘涛等[172]研究了绕墙顶转动的黏性填土支挡结构的土拱效应，得出了被动土压力系数的求解公式和被动土压力分布解，并指出随土拱效应增大，土压力分布非线性加强。王元战等[173]基于库仑土压力理论假设，以滑动楔体上水平层薄单元为分析对象，研究了墙体绕墙底转动变位模式下，主动土压力强度、合力和合力作用点的理论计算公式。

Sherif[174]、Fang[175-176]和周应英[177]等通过模型试验研究了墙体不同变位模式下，主动土压力强度沿墙高非线性分布特性及其作用点位置分布。周健等[178]研究了不同墙体变位模式下挡土墙水土压力的分布规律和破坏机制。何颐华[179]、岳祖润[180]、梅国雄[181]等通过模型试验，探讨了挡墙位移量与墙高、内摩擦角的变化关系及土压力分布特点。张连卫等[182]通过离心试验研究了材料的各向异性对主动土压力的影响的规律及其机理。刘晓立等[183]研究了土压力强度随不同挖土深度而变化的分布规律。刘斯宏等[184]研究了土工袋柔性挡墙土压力沿垂直和水平方向的分布，推导了主动平衡状态下土压力的计算公式。谭跃虎等[185]现场监测了南京国贸大厦深基坑支护桩土压力，分析结果表明：实测主动土压力小于朗肯土压力计算值，并随基坑深度大致呈"R"形分布，当支护结构变形小于 $5H\%$ 时，被动土压力也能充分发挥，这一发现与传统土压力理论相冲突。陈祖煜等[186]指出在柔性挡土墙土压力计算时，宜考虑土压力作用点位置对其计算结果的影响，并提出了基于 Bishop 法的简化法，通过上海世博演艺中心基坑实例进行了验证。黄雪峰[187-188]通过现场实测试验研究了黄土边坡和悬臂式围护桩深基坑的土压力分布特点和规律。毕鑫[189]以秦皇岛珠江道 12 号深基坑为工程背景，对桩侧土压力进行现场试验，得到桩侧土压力随基坑开挖发生动态变化，并最终呈现为两端小、中部大。

1.3 本书研究的内容

21 世纪是"地下空间"的世纪。环境与地层的复杂性、特殊性赋予了地下工程安全控制新的内涵，使地下支护结构破坏机理以及地下结构与特殊土体相互作用研究成为岩土工程热点问题。膨胀土的裂隙性是其具有的独特特性，裂隙的分布、方向、位置及不同裂隙的组合等都会对土体的强度特性、变形特性产生巨大影响，进而对土体中的地下结构产生作用，影响地下工程的安全稳定。膨胀土在我国分布极为广泛。由于不同地区膨胀土物理力学性质差异较大，加之前期研究不足，理论与实践脱节，导致设计不周或施工措施不利等造成基坑垮塌、建筑损害或倒塌、地下管线等城市生命线工程损害事故时有发生，往往造成严重的经济损失与社会影响。因此，弄清裂隙膨胀土水理化与应力耦合下损伤致胀机理，研究开挖应力释放后土体裂隙发展演化规律、强度特性，以及膨胀土地层深基坑支护结构变形规律等问题对复杂环境下膨胀土地层中深基坑工程的安全稳定控制有非常重要的科学意义与应用价值。

第2章

水-应力作用下膨胀土物理
力学特性试验研究

膨胀土的水理化作用对其物理力学性质有重要影响。水-应力耦合作用下膨胀土的物理力学特性一般有：膨胀土矿物成分分析、膨胀土细观结构研究、干湿循环下膨胀土土水特征曲线、干湿循环下膨胀土裂隙的发展演化规律、干湿循环下膨胀土强度特性等。本章将主要介绍 X 射线衍射、扫描电子显微镜（SEM）试验、CT 扫描等物理力学测试方法，并分析膨胀土的物理力学特性，为后续理论研究奠定基础。

2.1 膨胀土矿物成分分析及细观结构研究

土的位移和变形主要是由土体的内部结构决定的，因此，要研究土的变形和强度时效的本质，细观结构是研究的起点。现代科学仪器的迅速发展为岩土的微观研究提供了有效的手段，使研究从宏观到细观结构分析成为可能。试验中用到的膨胀土主要来自成都地区和广州地铁三号线沿线。

2.1.1 膨胀土 X 射线衍射分析

X 射线衍射分析是利用辐射与物质作用产生在方向上或物理性质上的变化而进行分析。入射 X 射线照射晶体时会产生散射、相互干涉或抵消，散射 X 射线相位相同时则彼此叠加，即衍射。衍射的方向取决于单位晶胞的形状和大小，强度则与晶体构造特征有关[89,90]。当 X 射线入射晶体试样时，产生衍射的条件是要满足 Bragg 方程，即

$$d = \frac{\lambda}{2\sin\theta}$$

式中，λ 为入射 X 射线的波长；θ 为 X 射线的入射角，又称为掠射角；d 为晶体晶面和平行面网间距。

粉末衍射用一束平行的特征 X 射线（λ 一定）照射粉末样品中杂乱无章的无数晶体，让足够数量的各组面网能同时以所需的 θ 产生衍射，经过 X 射线检测记录仪的接受、转换、微机处理，可求得一系列 d 值和峰值强度等，绘出以

Bragg 角 2θ 和衍射强度为坐标的衍射谱图，进而进行物相的鉴定和定性、定量分析。

通过对试样的 X 射线衍射分析，对膨胀土中高岭土、蒙脱土、伊利石、绿泥石等膨胀黏土矿物成分及其相对含量的鉴定，以及各矿物成分相对总矿物的百分含量，从而找出膨胀岩土的致胀机理。

此次测试采用 TTR－Ⅲ多功能 X 射线衍射仪，如图 2.1 所示。具体试验条件：射线源 Cu 靶，射线管电压 50kV，射线管电流 50mA，初始角 5°，终止角 40°，测量精度为 0.0001°，即 $2\theta = 0.0001$°，扫描速率 $10° \cdot \text{min}^{-1}$，采用步进扫描方式，每步进角度 0.01°，测试温度为 20℃。

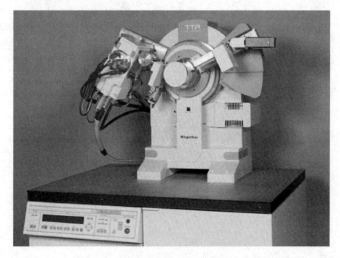

图 2.1　TTR－Ⅲ多功能 X 射线衍射仪

（1）成都膨胀土矿物成分衍射分析　成都膨胀土由黏土矿物和非黏土矿物组成。非黏土矿物主要包括石英、长石、方解石和石膏等，图 2.2 是成都膨胀土风干土样矿物种类 X 衍射图谱。核对 JCPDS 卡片，能够得到膨胀土矿物 X 射线衍射矿物种类和相对含量分析表，见表 2.1。从表 2.1 可知，成都膨胀土中石英含量最高，占总比重的 62.7%，其他矿物含量相对较低，钾长石和钠长石分别占 2.3% 和 4.1%，该膨胀土黏土矿物总量为 30.9%。膨胀土中的黏土矿物主要包括蒙脱石、高岭石、伊利石、绿泥石等，而对其工程性质产生影响的主要是细粒的黏土矿物，特别是土中吸水性较强的矿物。图 2.3 是矿物成分相对含量 X 射线衍射图谱，通过定量计算得出主要的黏土矿物为伊蒙混层、伊利石、高岭石、绿泥石，见表 2.2。从表 2.2 可以看出，成都膨胀土是以伊蒙混层为主，占黏土矿物总量的 81%，高岭石次之，占总量的 10%，而伊利石和绿泥石含量有限，分别占总量的 3% 和 6%。

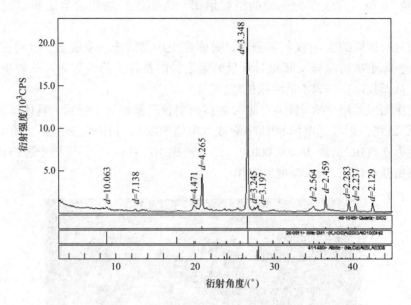

图 2.2　非黏土矿物 X 射线衍射图谱

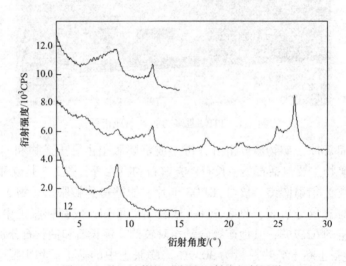

图 2.3　黏土矿物相对含量 X 射线衍射图谱

表 2.1　膨胀土矿物种类和含量表

种类	非黏土矿物种类						黏土矿物
	石英	钾长石	钠长石	白云石	锐钛矿	磷灰石	
含量（%）	62.7	2.3	4.1	—	—	—	30.9

表 2.2　黏土矿物相对含量分析表

种类	S 蒙脱石	I/S 伊蒙混层	I 伊利石	K 高岭石	C 绿泥石	C/S 绿蒙混层	混层比 I/S	混层比 C/S
含量（%）	—	81	3	10	6	—	45	—

（2）广州膨胀性红黏土矿物成分衍射分析　对于黏土矿物 X 射线衍射试验，每个土样做 3 个定向片的衍射，得到 3 个衍射图谱，分别是自然定向片（N）、乙二醇饱和片（NG）和加热片（550℃），根据 3 个衍射图谱的图谱特征，如衍射峰（或衍射角）及峰值（即晶面间距），可以鉴定黏土矿物成分，根据衍射强度可以判定相对含量。对广州红黏土土样做了大量的黏土矿物 X 射线衍射试验，同时为了减小试验结果可能带来的误差，对同一种土样进行多组试验，通过衍射图谱统计分析比较，获得这一种土体矿物组成的相对含量，其中典型的衍射图谱如图 2.4 所示。由试样 1 的衍射图谱分析可以知道：该处土样中主要含蒙脱石和伊利石，图谱比较标准，质量分数分别为 64% 和 36%。由试样 2 的衍射图谱分析可知：该处土样中主要含蒙脱石和伊利石，图谱比较标准，质量分数分别为 54% 和 46%。同时对广州地铁土样也做了全矿物 X 射线衍射，得到的典型的衍射图谱如图 2.5 所示。由试样 1 衍射图谱分析可以知道：该处土样中黏土矿物质量分数为 39.9%，非黏土矿物主要成分为石英和斜长石，质量分数分别为 45.7% 和 10.9%，赤铁矿含量比较少，质量分数为 3.5%，其他非黏土矿物成分在衍射分析中没有发现。试样 2 衍射图谱显示：该处土样中黏土矿物质量分数为 35.5%，非黏土矿物主要成分为石英和斜长石，质量分数分别为 47.2% 和 14.5%，赤铁矿含量比较少，质量分数为 2.8%，其他非黏土矿物成分在衍射分析中没有发现。试验结果表明，土样中黏性矿物所占比率很大，其中蒙脱石、伊利石含量最大，非黏土矿物主要成分为石英和斜长石，赤铁矿含量比较少。综合分析两种试样矿物成分，取加权平均。

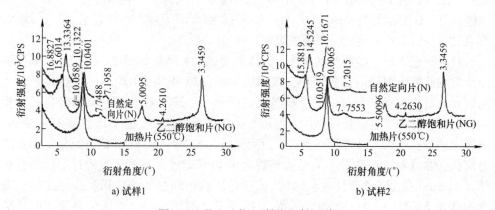

图 2.4　黏土矿物 X 射线衍射图谱

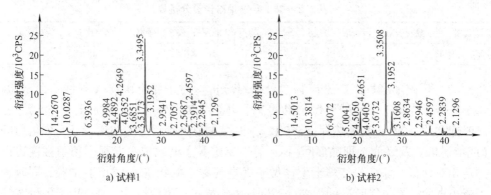

a) 试样1   b) 试样2

图 2.5 红黏土全矿物 X 射线衍射图谱

2.1.2 扫描电镜试验研究

随着科学技术的发展，扫描电子显微镜（SEM，简称扫描电镜）已成为检测固体物质的重要手段。扫描电子显微镜操作方便，样品制备简单，试验结果比较直观，分析过程中样品不易受损，在矿物学、化学、材料科学等领域得到日益广泛的应用，使膨胀岩土的微观结构形貌的研究和矿物成分的鉴定分析变得非常直观。扫描电子显微镜可以直接观察到试样的形貌，无须经过磨光、复型等处理，试样消耗少，放大倍数从几十到几十万倍，并连续可调，能观察到结构细节和三维空间形貌，能谱分析检测效率高。本书采用扫描电子显微镜试验手段研究广州地铁三号线沿线各站膨胀红黏土的微观结构、形貌、空洞、裂缝及晶体结晶程度等。

不同的矿物成分用不同的符号表示：C 表示绿泥石，I 表示伊利石，S 表示蒙脱石，Na－F 表示钠长石，I/S 表示伊利石/蒙脱石混层，K 表示高岭石，K－F 表示钾长石，Q 表示石英晶体，I/C 表示伊利石/绿泥石混层，C/S 表示绿泥石/蒙脱石混层等，以上符号将在后面的图表中出现。

对广州地铁三号线所取试样进行扫描电镜试验，结果如图 2.6 所示。根据扫描图片发现该处土样样品比较疏松，粒间较大的孔隙为 $30 \sim 100 \mu m$，连通较好。样品含有大量片絮状伊利石—蒙脱石混层、伊利石—绿泥石混层、层状伊利石、片状高岭石，局部含有钾长石晶体，钾长石晶体表面被淋滤，还含有少量石英晶体、被溶蚀钠长石颗粒。纤维状海泡石在放大倍数为 5030 倍和 6140 倍时观察到大量的蜂窝状孔隙（图 2.6b、c）；在放大倍数为 9440 倍时能观察到大量的片层状的叠聚体（图 2.6d 典型的叠聚体片状结构），这是试验中观察到的广州膨胀性红黏土重要的微观结构特点；在 20000 倍高放大倍率下（图 2.6e、f），这种叠聚片层状结构非常清晰，与通常 3000 倍左右倍率下的形貌相比，易于测定其微观尺寸和精细结构。研究表明，该区域红层土大量以片状和扁平状黏土颗粒相互聚集形成的层状微集聚体（或叠聚体）为主，单片厚度约为 10Å，叠聚体单片长 1～2μm，宽度依据岩土风化程度的不同而不同，风化程度越大，片状宽度就越小，一般介于 2～5μm。片层与片层之间被贯通或部分贯通的裂隙隔开，片层之间的典型间距（也是裂隙宽度）0.1～0.5μm。这些大量的孔隙和层状叠聚体为膨胀性红黏土的水致损伤提供了便利条件和可能。

a) ×200全貌，疏松，孔隙30～100μm，连通好

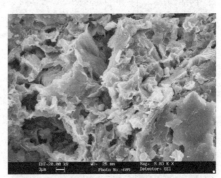

b) ×5030片絮状I/C，少量石英晶体

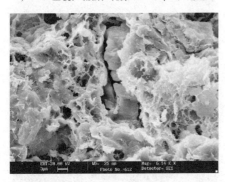

c) ×6140 蜂窝状I/S及Na–F

d) ×9440片层状I、K，片絮状I/S

e) ×20000　片层状I/C　片絮状I/S

f) ×20000　叶片状和叠层状C

图 2.6　膨胀性砂质红黏土试样扫描电镜照片（珠江新城站）

图2.7的扫描电镜试验结果表明：该处土样样品比较疏松，粒间较大的孔隙为30~50μm，连通较好。样品含有大量蜂窝状、片状、片丝状伊利石—蒙脱石混层和卷曲片状蒙脱石及少量针叶状绿泥石和丝状伊利石，钠长石晶体被溶蚀。在放大倍数为10000~40000倍下，试样结构为片层状的叠聚体。

a) ×20000片状I/S

b) ×40000最为典型的片状I/S

c) ×20000片状I/S，卷曲片状S

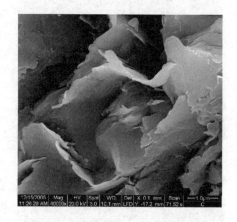

d) ×40000片状I/S，卷曲片状S

图2.7　膨胀性砂质红黏土样扫描电镜照片（五山路站）

从图2.7b中可以估算叠聚体单片的厚度大致为10A°（1nm），这些大量的孔隙和层状叠聚体为膨胀性红黏土的水致损伤提供了便利条件和可能。如图2.7c、d所示，蒙脱石粒径约为0.5μm，颗粒大而薄，对电子束半透明至基本透明，有明显的折叠现象，轮廓线比较清晰，厚度较均匀。

2.2　干湿循环对饱和膨胀土土水特征曲线的影响试验研究

2.2.1　土水特征曲线基本概念

　　土水特征曲线为土体中的含水率与土中的吸力之间的关系曲线。土的含水率指重力含水率 ω、体积含水率 θ 等指标，还能用饱和度 S 来代替。吸力指土体的基质吸力 [也称毛细压力（$u_a - u_w$），u_a 为孔隙气压力，u_w 为孔隙水压力]，还指土体总的吸力（基质吸力与渗透吸力之和）。当土体吸力值相对较高（通常指吸力不小于 1500kPa 时），可以假设基质吸力和总吸力是同一数值。通常情况下，一般黏土的土水特征曲线常常在半对数坐标系中表示，如图 2.8 所示。

　　图 2.8 是黏土典型的土水特征曲线，纵坐标是体积含水率，横坐标是基质吸力的对数值。图中的土水特征曲线是一条典型的反 S 形曲线，曲线上有两个转折点 E、F，对应着曲线的两个斜率产生突变的点，这两个点将曲线划分为三段，分别对应着土体脱湿过程的三个阶段：边界效应、过渡和残余阶段。第一个斜率突变的点对应的吸力值是土样的进气值，也称气泡压力 $(u_a - u_w)_b$。特征曲线上另一个斜率变化最大的点对应的含水率即残余含水率 θ_r。土中含水率随吸力的增加而减小，当含水率小于某固定值后，含水率的减小需要很大的吸力，这个临界值就是残余含水率 θ_r。可以通过作图法来粗略求得两个特征点的值，具体方法如图 2.8 所示：在曲线的拐点 E、F 作曲线的切线 BC，然后在吸力对数值较低的部分曲线通过延伸直线 AB 与切线 BC 相交于点 B，则点 B 为空气进气值。在含水率较低的曲线部分通过延伸直线 DC 和切线 BC 相交于点 C，点 C 即残余含水率 θ_r。

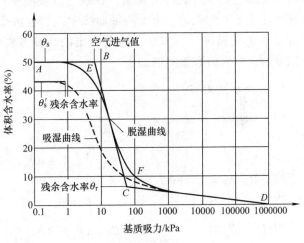

图 2.8　黏土典型的土水特征曲线

　　残余含水率 θ_r 是十分关键的参数。专家学者对残余含水率开展了大量研究，Brooks 和 Corey[190] 认为残余含水率是指基质吸力为无限大时土体的含水率，但是基质吸力不可能是无限大的，换句话说，当基质吸力到达无限大时土中含水率也可能是零。Van Genuchten[191] 等将基质吸力等于 1500kPa 时对应的含水率称为残余含水率，而对于一些塑性很高的黏土来说，这一吸力值并未使土体进入残余状态。实际上，Fredlund[192]等（1998）利用蒸汽提取实验测定的吸力值达到了300000kPa，也有学者采用"最大分子持水能力"这一状态来描述土的残余含水率。

土体脱湿与增湿过程中有两条不同的土水特征曲线，两条曲线有明显不重合情况，如图 2.8 所示，这种情况称为滞后现象。出现滞后现象的关键原因是土体中孔隙的形状不规则。土体在失水和增湿过程中具有明显的瓶颈效应，从而引起同一数值的基质吸力出现两个含水率。此外，脱水和吸湿接触面之间的接触角的差异是滞后的另一个重要原因。

2.2.2 土水特征曲线的数学模型

自 20 世纪 50 年代以来，国内外研究人员创立了许多关于土水特征曲线的计算方程。按照可建立的角度和思想不同，大致可将计算方程划分成两类：一是经验模型，另一类是域模型（其中域模型又可以分为两类：独立域模型和相关域模型）。经验模型是依据实际工程经验选取方程的参数，可以很好地预测土水特征曲线的滞后性；域模型认为土体是由孔隙聚集而成，在统计学的基础上，分析土体中孔隙水的分布规律，基质吸力产生变动时，孔隙中的水分也随之饱和或者排空，从而建立描述土体滞后性的模型，在独立域模型中，还假设不同孔隙的吸收水分或排水性质是不相关的。土水特征曲线中饱和含水率 θ_s 不难求出，但还未找出残余含水率 θ_r 的精确计算方法，目前提出的计算方程中不确定的参数至多有 4 个，将依据拟合参数的数量归纳如下。

1. 三参数方程

（1）Gardner 方程

$$\theta = \theta_r + \frac{\theta_s - \theta_r}{1 + a\Psi^b} \tag{2.1}$$

（2）Brooks 和 Corey 方程

当 $\Psi \leqslant \Psi_a$ 时

$$\theta = \theta_s \tag{2.2}$$

当 $\Psi > \Psi_a$ 时

$$\theta = \theta_r + (\theta_s - \theta_r)\left(\frac{a}{\Psi}\right)^{\delta} \tag{2.3}$$

（3）Feng 和 Fredlund 方程 $\theta = \theta_r + \dfrac{\theta_s - \theta_r}{1 + \left(\dfrac{\Psi}{a}\right)^b} \tag{2.4}$

式中，Ψ 为吸力（kPa）；θ 为体积含水率；θ_s 为饱和含水率；δ 为孔隙分布指数（拟合时记做 b）；θ_r 为残余含水率；Ψ_a 为土体空气进气值（kPa）；a 为与进气值相关的参数；b 为吸力大于土体空气进气值范围内土体失水速度相关的参数。

2. 四参数方程

（1）Van Genuchten 方程

$$\theta = \theta_r + \frac{\theta_s - \theta_r}{\left[1 + \left(\frac{\Psi}{a}\right)^b\right]^c} \tag{2.5}$$

（2）Fredlund 和 Xing 方程

$$\theta = \frac{\theta_s}{\left\{\ln\left[e + \left(\frac{\Psi}{a}\right)^b\right]\right\}^c} \tag{2.6}$$

式中，c 为与残余含水率相关的参数；e 为土的孔隙比。

Fredlund 通过大量试验数据指出，当 $\Psi = 100000\text{kPa}$ 时，有 $\theta = 0$，进而对式（2.6）进行改进，即

$$\theta = C(\Psi) \times \frac{\theta_s}{\left\{\ln\left[e + \left(\frac{\Psi}{a}\right)^b\right]\right\}^c} \tag{2.7}$$

式中

$$C(\Psi) = \left[1 - \frac{\ln\left(1 + \frac{\Psi}{\Psi_r}\right)}{\ln\left(1 + \frac{10^6}{\Psi_r}\right)}\right] \tag{2.8}$$

式中，Ψ_r 为残余含水率对应的吸力值（kPa）；在吸力较低时 $C(\Psi) \approx 1$，且 $C(\Psi)$ 对土水特征曲线的形状影响很小，可以忽略不计。残余含水率是很重要的参数，Fredlund 和 Xing 建议 θ_r 已知的情况下，可以采用以下方程

$$\theta = \theta_r + \frac{\theta_s - \theta_r}{\left\{\ln\left[e + \left(\frac{\Psi}{a}\right)^b\right]\right\}^c} \tag{2.9}$$

应该指出，在以上众多表达式中，绝大多数的表达式只适用于低吸力或中吸力范围内的计算。在上述表达式中，Gardner 方程比较简洁，Brooks 和 Corey 给出的方程相较于其他四种方程，利用空气进气值 Ψ_a、孔隙分布指数 δ 和残余含水率 θ_r 来描述土水特征曲线的参数更具有明确的物理意义。在大多试验中，我们发现 Van Genuchten 方程与 Fredlund 和 Xing 方程的拟合曲线与实际更接近，Fredlund 和 Xing 方程能更好地反映土水特征曲线的特性，可以通过改变模型中的参数来拟合不同曲线，适用于曲线的全吸力范围。

对于纵坐标，除使用体积含水率 θ，也可以采用含水率 ω、土体饱和度 S。它们之间有如下的转换关系

$$S = \frac{G\omega}{e} \qquad\qquad (2.10)$$

$$\theta = S\frac{e}{1+e} \qquad\qquad (2.11)$$

式中，G、e 分别代表土粒的相对密度和土的孔隙比。

2.2.3 滤纸法测土水特征曲线的试验原理与过程

滤纸法测量土体的基质吸力通常采用接触法和非接触法。测量吸力的常用装置如图 2.9 所示。非接触法通常用作土体的总吸力量测，此方法需要借助轻质支架或者纱布等工具将滤纸放置在土样上方，以便滤纸吸收空气中的水蒸气；接触法经常被用作测量土样基质吸力，此方法将滤纸放置在土样之中，使其与土样直接接触。为保证测量结果准确，需保护中间测量的滤纸不受到污染，用两张滤纸保护中间的测量滤纸，当到达平衡状态时，测量滤纸的含水率，通过率定曲线可以计算出土样的总吸力和基质吸力。

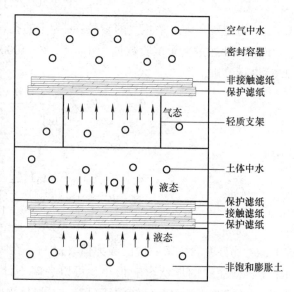

图 2.9 滤纸法测量吸力示意

本次试验采用滤纸法测量土样的基质吸力和总吸力，配制 10 种不同含水率的土样，含水率为 8%、10%、12%、14%、16%、18%、20%、22%、24%、26%，一共测定 6 种（0、1、2、3、4、5 次）不同干湿循环后土样的土水特征曲线，试验中总共需要直径 61.8mm、高 20mm 的试样 60 个，每种含水率准备 6 个平行试样，干密度相差不大于 0.02g/cm³ 的 2 个土样分为同一组，测量 3 组平行土样的实验数据取平均值，分别测量每组土样的基质吸力和总吸力。

试验用土来自成都市龙泉驿某工程现场，将土体在自然条件下风干，然后通过人工方法将土磨碎，并将磨碎的土用 1mm 的筛进行分选，土样用密封性较好的箱子储存备用；将已经制备好的土样放在鼓风干燥箱中烘干 24h，控制温度为 (105 ± 5)℃。将土样配成 10 种不同的含水率湿润土，含水率分别为 8%、10%、12%、14%、16%、18%、20%、22%、24%、26%，并将配置好的土放在保鲜袋内闷料 24h 使土中含水率自然均匀。试验采用击实法制样，根据预定的干密度计算

出土饼的高度，再按照压实要求击实土样。在此次试验中控制土饼的干密度为

1.6g/cm³，预设击实后的土饼厚度为 3cm；土饼的直径为 10cm，土饼的体积为 235cm³，以含水率 18% 为例，干土质量为 376g，含水率为 18%，则湿土质量为 443.68g。为防止试验装土过程中的损耗，称取含水率为 18% 的湿润土 445g，放入击实仪中击实成厚度为 3cm 的土饼，如图 2.10 所示。选取密度最为接近（密度差值不大于 0.2g/cm³）的 2 个试样分为同一组，此次试验将进行 6 次干湿循环。

图 2.10　击实土样

取经过湿度控制后的土样，控制土样含水率为 8% ~ 26%，一共 10 组试验，在土样中间水平放置接触法测试滤纸（滤纸分 3 层：中间层直径为 5.5cm 的 What-manNO.42 滤纸，用于测试；上、下层为起保护作用的双圈牌 203 滤纸，直径为 6cm），然后用绝缘胶带黏贴接缝处，试验过程如图 2.11 所示。把试样平稳放在密封罐中，盒中放好自制的架子，在架子上放两张滤纸，用于测定总吸力。

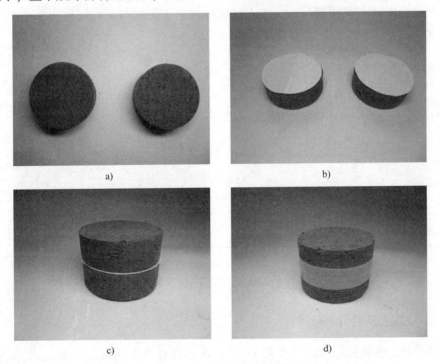

图 2.11　滤纸法试验过程

测定滤纸含水率时，由于滤纸中水的含量很少且极易蒸发，因此从烘箱中取出滤纸后应该在短时间内称量滤纸质量，且避免用手直接触碰测试滤纸。具体过程为：①将铝盒放入烘干箱中烘干 24h，称取干铝盒的质量 M_h；②快速称取"铝盒 + 湿滤纸"的质量 M_{h+sl}，通过差值得到湿滤纸的质量 M_{sl}；③把"铝盒 + 湿滤纸"装进烘烤箱内，去掉铝盒盖，在温度控制在（105 + 5）℃条件下烘烤 24h；④取出"热铝盒 + 干滤纸"，将其冷却 1min 后，分别快速称量"热铝盒 + 干滤纸"的质量 M_{h+gl}，通过计算能够知道干滤纸的质量为 M_{gl}；⑤计算出滤纸的含水率，进而根据滤纸的率定方程，求得土体的总吸力和基质吸力。测定土样平衡含水率时，将试样进行称重得到其质量 M_{st}，而后取烘干试样的质量 M_{gt}，进而求得其含水率。

在循环试验时，由于试样自然风干时间太长，干湿循环试验周期较长，为使试样能均匀快速失水以节约试验时间，且避免高温对试验结果造成影响，采用恒温烘干到制定含水率，此次试验均采用低温（60℃）烘干土样来研究脱湿过程。将饱和土样装进烘箱中，控制温度为 60℃，每隔一段时间称取其质量，直到两次称取质量相差小于 0.1g 结束，通过计算不同时间的含水率，进而可获得饱和土样含水率与烘干时间的关系曲线，如图 2.12 所示。由图可知，试样经过 8h 烘干后其含水率基本不再发生变化，故选取 6 ~ 8h 为试样的烘干时间。采用蒸汽加湿法加湿，以便保证试样均匀变湿、膨胀。吸湿后试样的外部形状基本不受影响且试样中各个部位的含水率比较均匀。将土样进行多次干湿循环后，可得出在不同干湿循环次数条件下膨胀土的土水特征曲线。

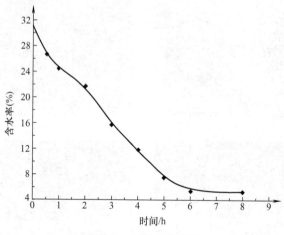

图 2.12　试样烘干曲线

2.2.4　试验结果分析

首先确定非接触滤纸的含水率 w_{f1}，再确定接触滤纸的含水率 w_{f2}，滤纸含水率由下式确定

$$M_{\text{sl}} = M_{\text{h+sl}} - M_{\text{h}}$$

$$M_{\text{gl}} = M_{\text{h+gl}} - M_{\text{h}}$$
(2. 12)

$$w_{\text{f}} = \frac{M_{\text{sl}} - M_{\text{gl}}}{M_{\text{gl}}} \times 100\%$$

式中，w_{f} 为滤纸含水率；M_{h}、$M_{\text{h+sl}}$、$M_{\text{h+gl}}$、M_{sl}、M_{gl} 分别为铝盒质量、铝盒与湿滤纸总质量、铝盒与干滤纸总质量、湿滤纸质量、干滤纸质量。

采用式(2.13)~式(2.16)计算总吸力和基质吸力，具体计算公式见下

总吸力

$$\lg \Psi_1 = 8.778 - 0.222 w_{\text{f1}} \ (w_{\text{f1}} \geqslant 26)$$
(2. 13)

$$\lg \Psi_1 = 5.310 - 0.088 w_{\text{f1}} \ (w_{\text{f1}} \leqslant 26)$$
(2. 14)

基质吸力

$$\lg \Psi_2 = 2.909 - 0.0229 w_{\text{f2}} \ (w_{\text{f2}} \geqslant 47)$$
(2. 15)

$$\lg \Psi_2 = 4.945 - 0.0673 w_{\text{f2}} \ (w_{\text{f2}} \leqslant 47)$$
(2. 16)

式中，Ψ_1 为总吸力；Ψ_2 为基质吸力；w_{f1} 为非接触滤纸含水率；w_{f2} 为接触滤纸含水率。

通过称量土样的湿质量、干质量及体积可以计算出质量含水率 w 和干密度 ρ_{d}，进而可以获得土样的重力含水率 w 和体积含水率 θ（土样中残余水质量与土样初始体积的比值），N 表示循环次数，具体数值见表 2.3、表 2.4。

表 2.3　脱湿过程的体积含水率

编号	干密度/(g/cm³)	体积含水率 θ					
		$N=0$	$N=1$	$N=2$	$N=3$	$N=4$	$N=5$
1	1.53	0.103	0.093	0.085	0.082	0.078	0.072
2	1.57	0.106	0.095	0.087	0.085	0.081	0.074
3	1.58	0.117	0.107	0.103	0.097	0.089	0.083
4	1.59	0.135	0.128	0.120	0.118	0.116	0.105
5	1.61	0.182	0.177	0.173	0.174	0.172	0.171
6	1.61	0.258	0.259	0.255	0.250	0.246	0.243
7	1.59	0.353	0.340	0.322	0.317	0.293	0.289
8	1.56	0.415	0.393	0.378	0.371	0.364	0.355
9	1.54	0.430	0.411	0.395	0.386	0.380	0.374
10	1.53	0.440	0.415	0.402	0.394	0.386	0.378

表 2.4 吸湿过程的体积含水率

编号	干密度/（g/cm³）	体积含水率 θ					
		$N=0$	$N=1$	$N=2$	$N=3$	$N=4$	$N=5$
1	1.53	0.093	0.085	0.081	0.077	0.071	0.067
2	1.57	0.096	0.087	0.083	0.080	0.074	0.070
3	1.58	0.109	0.101	0.094	0.091	0.084	0.079
4	1.59	0.131	0.118	0.112	0.109	0.103	0.097
5	1.61	0.172	0.157	0.150	0.143	0.138	0.135
6	1.61	0.247	0.232	0.222	0.215	0.209	0.203
7	1.59	0.336	0.315	0.303	0.294	0.286	0.281
8	1.56	0.396	0.380	0.369	0.357	0.348	0.345
9	1.54	0.415	0.393	0.381	0.372	0.365	0.359
10	1.53	0.421	0.400	0.389	0.380	0.373	0.366

　　在每一次干湿循环试验中，每种含水率有三组平行试样，共需要测定土样干密度 30 个，土样含水率 60 次，非接触滤纸含水率 60 个，接触滤纸含水率 60 个，每组平行试样数据取平均值，通过测量滤纸质量，可以得到质量含水率，结合滤纸的率定方程，通过式（2.13）和式（2.14）可以计算出总吸力值，见表 2.5、表 2.6。利用式（2.15）和式（2.16）进而可以得到对应的基质吸力，具体数值详见表 2.7、表 2.8。

表 2.5 脱湿过程试样的总吸力

编号	总吸力/kPa					
	$N=0$	$N=1$	$N=2$	$N=3$	$N=4$	$N=5$
1	62547.72	60040.28	57798.08	55982.70	54696.45	53660.74
2	28563.68	24648.77	20924.47	19381.34	18284.83	17296.55
3	14342.55	13308.59	12288.34	11368.43	10613.31	9932.54
4	8537.42	8070.17	7661.12	7263.69	6946.14	6651.61
5	5382.96	5042.47	4769.79	4531.09	4317.40	4123.45
6	3572.81	3361.18	3167.19	2988.91	2849.82	2728.50
7	2582.73	2469.73	2365.61	2267.77	2188.32	2116.47
8	2093.20	2019.92	1952.20	1883.18	1831.05	1776.62
9	1592.27	1530.98	1476.53	1417.76	1380.65	1344.03
10	1053.54	1009.25	969.71	931.03	908.35	882.22

表 2.6　吸湿过程试样的总吸力

编号	总吸力/kPa					
	$N = 0$	$N = 1$	$N = 2$	$N = 3$	$N = 4$	$N = 5$
1	57836.15	55444.38	53839.83	52535.43	51483.00	50520.19
2	24629.46	21192.76	19794.87	17780.13	16817.17	15026.50
3	10286.93	9376.23	8602.37	7931.63	7326.52	6849.82
4	6389.24	5986.53	5659.76	5346.97	5073.72	4849.15
5	4225.18	3967.59	3754.31	3570.24	3416.38	3305.10
6	2734.52	2554.46	2422.70	2298.35	2199.90	2106.65
7	2063.98	1980.72	1913.65	1848.45	1789.36	1742.55
8	1675.47	1624.94	1582.05	1529.23	1492.36	1452.43
9	1042.40	999.44	971.66	934.08	904.84	877.35
10	749.24	717.70	690.09	662.40	645.51	627.82

表 2.7　脱湿过程试样的基质吸力

编号	基质吸力/kPa					
	$N = 0$	$N = 1$	$N = 2$	$N = 3$	$N = 4$	$N = 5$
1	52222.10	48220.30	44272.60	42540.00	40184.60	52222.10
2	21297.60	12558.50	11862.60	9724.01	8835.83	21297.60
3	8207.83	5269.63	4783.56	4126.62	3746.29	8207.83
4	3292.49	2422.35	2042.43	1812.48	1554.48	3292.49
5	1384.11	990.03	811.53	676.69	551.53	1384.11
6	599.09	430.96	361.35	292.86	256.98	599.09
7	263.75	200.79	161.80	134.14	116.38	263.75
8	136.00	108.93	90.81	79.68	76.12	136.00
9	63.96	53.30	42.95	36.63	30.71	63.96
10	25.07	18.76	14.94	12.11	9.22	25.07

表 2.8　吸湿过程试样的基质吸力

编号	基质吸力/kPa					
	$N = 0$	$N = 1$	$N = 2$	$N = 3$	$N = 4$	$N = 5$
1	52864.60	49445.60	47555.80	43896.60	40018.80	37985.60
2	21402.80	18980.60	18010.70	16630.00	14748.00	13808.90
3	7229.03	6161.24	5393.21	4713.64	4357.67	3812.11
4	3064.42	2379.59	2054.08	1870.32	1658.65	1512.13

（续）

编号	基质吸力/kPa					
	$N=0$	$N=1$	$N=2$	$N=3$	$N=4$	$N=5$
5	1495.15	1115.45	924.80	809.52	737.78	680.59
6	633.49	472.76	387.24	329.94	292.69	266.75
7	263.06	183.87	146.69	120.08	102.37	95.85
8	110.80	80.53	64.21	54.10	46.12	39.21
9	51.77	35.24	28.50	24.64	21.00	18.12
10	25.38	15.90	12.17	9.56	8.26	7.03

采用2.2.2节列举的5个数学模型（Gardner方程、Brooks和Corey方程、Feng和Fredlund方程、Van Genuchten方程、Fredlund和Xing方程），对此次试验结果进行拟合分析。对0次循环试验中脱湿和吸湿过程的体积含水率与基质吸力曲线进行拟合，为了使拟合结果更佳，过程中未固定饱和含水率和残余含水率进行自由拟合，拟合曲线如图2.13、图2.14所示，具体拟合参数见表2.9、表2.10。

表2.9 0次循环脱湿过程拟合参数

参数	Gardner方程	Brooks和Corey方程	Feng和Fredlund方程	Van Genuchten方程	Fredlund和Xing方程
a	0.00004	0.00132	422.87795	539.05552	629.00414
b	1.48274	0.07345	2.39239	1.98460	1.72440
c	—	—	0	0.50449	1.50425
θ_s	0.44420	1.59381	0.62957	0.43878	0.44050
θ_r	0.10493	−0.51552	0.43582	0.09875	0.08458
R^2	0.97865	0.88749	0.99336	0.98933	0.99903

表2.10 0次循环吸湿过程拟合参数

参数	Gardner方程	Brooks和Corey方程	Feng和Fredlund方程	Van Genuchten方程	Fredlund和Xing方程
a	0.00036	0.00753	237.01358	355.10848	411.17588
b	1.25133	0.12186	1.91032	1.52541	1.36034
c	—	—	0	0.61755	1.77305
θ_s	0.43073	1.57480	0.69523	0.42538	0.42755
θ_r	0.09352	−0.19894	0.42053	0.08919	0.07920
R^2	0.97955	0.92118	0.99188	0.98860	0.99972

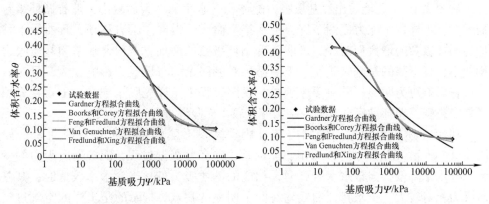

图 2.13　0 次循环脱湿过程拟合曲线　　　　图 2.14　　0 次循环吸湿过程拟合曲线

　　根据表 2.9 和图 2.13 可以看出，Fredlund 和 Xing 方程对于脱湿过程的土水特征曲线的拟合效果最好，Van Genuchten 方程次之，Brooks 和 Corey 方程拟合效果略差；通过表 2.10 和图 2.14 可以看出，吸湿过程中各方程拟合效果与脱湿一致。Gardner 方程拟合的残余含水量最大，Feng 和 Fredlund 方程拟合的残余含水率最接近饱和含水率的 10%。因此，试验结果表明无论脱湿还是吸湿过程的曲线拟合均较符合 Fredlund 和 Xing 方程。

　　图 2.15 是不同干湿循环次数后试样的土水特征曲线曲线。由图可知，不论是脱湿过程还是吸湿过程，曲线呈明显的倒 S 形，曲线上有两个斜率显著变化的点，第一个点为土水特征曲线的第一个特征点，此时的吸力为土样的空气进气值；另一个特征点是曲线斜率急剧变化的点，此时的含水率为土样的残余体积含水率 θ_r。随着循环级数的增大，空气进气值不断减小，残余含水率也逐渐降低，且下降的幅值越来越小。

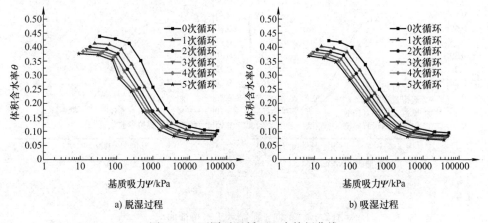

a) 脱湿过程　　　　　　　　　　　　b) 吸湿过程

图 2.15　　不同干湿循环土水特征曲线

从图 2.15 中还能看出，基质吸力随体积含水率的增大而减小，随着循环级数的增大，土样持水能力逐渐下降，土水特征曲线慢慢向左下方移动，且曲线下移量随循环级数的增大而减少，说明随着循环级数的增加，体积含水率和基质吸力均变小，且下降的量越来越小。干湿循环对膨胀土的基质吸力影响较大，且对脱湿过程影响更为明显。其主要原因是，脱湿过程中土样先吸水饱和，土颗粒充填了新旧裂隙，循环前后试样内部结构变化较小而吸湿过程正好相反。

利用上述实验数据，绘制出半对数坐标系下膨胀土的土水特征曲线，如图 2.16 所示。从图中可以看出，无论是脱湿还是吸湿过程，随着基质吸力的变大，含水率降低。当含水率较高时，相应的基质吸力低；当含水率较低时，其基质吸力相对较大。土水特征曲线均有两个明显的拐点，指示的是土样的空气进气值和残余体积含水率 θ_r。当吸力低于空气进气值时，曲线斜率较小，变化相对平缓，土样处在边界效应阶段。当基质吸力介于空气进气值与残余含水量之间时，土样处于过渡阶段；当基质吸力逐渐增大，到大于残余含水率对应的基质吸力时，曲线又开始变得平缓，土样开始进入残余非饱和阶段。还可以看出，脱湿过程空气进气值和残余含水量均大于吸湿过程。

由图 2.16 可知，各干湿循环过程中，脱湿和吸湿过程中土水特征曲线没有完全重合，同一含水率的情况下，吸湿曲线对应的基质吸力小于脱湿曲线。在相同基质吸力情况下，吸湿曲线对应的含水率要小于脱湿曲线，在一次循环过程中，脱湿曲线与吸湿曲线形成一个"滞回圈"。对比图 2.16 中 a ~ f，随着循环次数增大，脱湿曲线与吸湿曲线的间距越来越近，"滞回圈"围合的面积逐渐减小，主要原因是：多次循环后，土体中残余空气形成的气泡阻滞了水分进一步进入土体内部的孔隙中，符合专家学者在"滞回圈"的基础上提出的"滞回度"的理论[24]，在这里不再赘述。

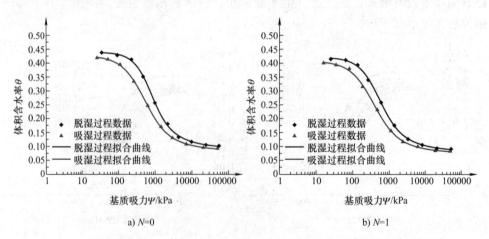

a) N=0
b) N=1

图 2.16 不同干湿循环土水特征曲线

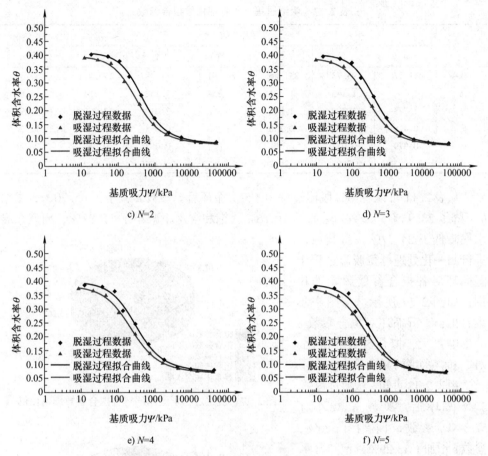

图 2.16　不同干湿循环土水特征曲线（续）

采用 Fredlund 和 Xing 方程分别对不同干湿循环后脱湿和吸湿过程的土水特征曲线进行拟合，具体拟合参数见表 2.11、表 2.12。

表 2.11　脱湿过程土水特征曲线拟合参数

参数	干湿循环次数						变化幅值（%）
	0	1	2	3	4	5	
a/kPa	629.004	405.129	337.240	292.906	235.927	215.770	−65.70
b	1.724	1.541	1.420	1.368	1.235	1.226	−28.92
c	1.504	1.540	1.781	1.833	1.894	2.236	31.16
θ_s	0.441	0.420	0.409	0.401	0.398	0.388	−11.82
θ_r	0.085	0.075	0.072	0.070	0.065	0.064	−24.77
R^2	0.99903	0.99919	0.99825	0.99764	0.99051	0.98975	—

表 2.12 吸湿过程土水特征曲线拟合参数

参数	干湿循环次数						变化幅值（%）
	0	1	2	3	4	5	
a/kPa	411.176	295.739	237.569	194.018	181.987	175.411	−57.34
b	1.360	1.343	1.311	1.254	1.152	1.151	−15.86
c	1.773	1.797	1.846	1.858	2.019	2.072	13.29
θ_s	0.428	0.407	0.396	0.388	0.383	0.375	−12.22
θ_r	0.079	0.073	0.071	0.067	0.062	0.058	−26.24
R^2	0.99972	0.99864	0.99826	0.99832	0.99795	0.99823	—

从表 2.11 可以看出，脱湿过程中，5 次循环后，参数 a 减小了 65.70%，参数 b 下降了 28.92%，参数 c 增加了 31.16%，饱和含水率减小了 11.82%，而残余含水率降低了 24.77%，将其数值进行归一化处理可得脱湿过程干湿循环对各拟合参数影响的比例，如图 2.17 所示。从图中不难看出，干湿循环对拟合参数 a 的影响最大，拟合参数 c 次之，对饱和含水率的影响最小。

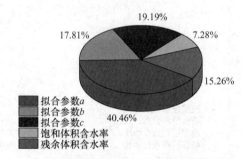

图 2.17 脱湿过程干湿循环对各拟合参数影响比例

由表 2.12 可知，吸湿过程中，5 次循环后，参数 a 减小了 57.34%，参数 b 下降了 15.86%，参数 c 增加了 13.29%，饱和含水率减小了 12.22%，而残余含水率降低了 26.24%，将其数值进行归一化处理可得吸湿过程干湿循环对各拟合参数影响的比例，如图 2.18 所示，从图中可以看出，干湿循环对拟合参数 a 的影响最大，对残余含水率的影响次之，而对饱和含水率的影响最小。

图 2.18 吸湿过程干湿循环对各拟合参数影响比例

图 2.19 是各拟合参数与干湿循环次数的关系曲线。从图中可以看出，不论是脱湿过程，还是吸湿过程，随干次循环次数的增加，拟合参数 a（与空气进气值相关的参数，kPa）逐渐减小。第 1 次循环后，减小幅值最大，随着循环级数的增大，减小幅值越来越小，第 4、5 次循环后，其值趋于一个稳定值，这与空

气进气值变化趋势相同，且脱湿过程变化幅值大于吸湿过程，说明干湿循环对脱湿过程影响更为明显。随着干湿循环次数的增加，拟合参数 b（吸力大于空气进气值范围内与土体失水速度相关的参数）缓慢减小，变化趋势和参数 a 相同。这说明经过 5 次干湿循环后土体脱水（吸湿）的速率基本不变，因为 5 次循环后土体产生的裂隙面积、长度将趋于一个稳定值，进而脱水（吸湿）速率不再变化。当循环级数增大，拟合参数 c（和残余含水率有关的参数）逐渐增加，脱湿过程中其变化范围较大，进一步说明干湿循环对脱湿过程影响更大。饱和含水率 θ_s 随着干湿循环次数的增加变化较小，但试验数据拟合出的饱和体积含水率数值小于实际测量结果，且脱湿过程数值大于吸湿过程。随着循环次数的增多，残余含水率 θ_r 逐渐减小，且减小幅度越来越小，脱湿与吸湿过程变化趋势相同，吸湿过程残余含水率变化范围稍大于脱湿过程。

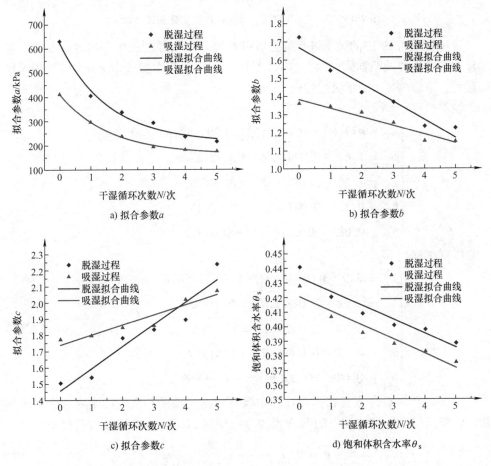

图 2.19　各拟合参数随干湿循环次数变化曲线

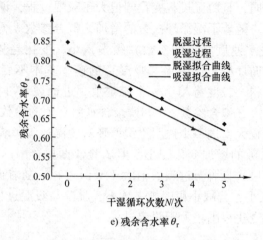

e) 残余含水率 θ_r

图 2.19 各拟合参数随干湿循环次数变化曲线（续）

通过对图 2.19 中的数据进行拟合后得到脱湿与吸湿过程中各拟合参数与干湿循环次数之间的关系如式（2.17）、式（2.18）所示。其中各式中下标"T"表示脱湿过程，下标"X"表示吸湿过程，$0 \leqslant N \leqslant 5$，$N \in Z$。

脱湿过程

$$
\begin{cases}
a_T = 412.60\exp(-N/1.57) + 209.88, R^2 = 0.98034 \\
b_T = 1.67 - 0.099N, R^2 = 0.92727 \\
c_T = 1.46 + 0.136N, R^2 = 0.89436 \\
\theta_{sT} = 0.43 - 0.009N, R^2 = 0.90945 \\
\theta_{rT} = 0.082 - 0.004N, R^2 = 0.91412
\end{cases}
\tag{2.17}
$$

吸湿过程

$$
\begin{cases}
a_X = 249.93\exp(-N/1.60) + 161.58, R^2 = 0.99752 \\
b_X = 1.38 - 0.048N, R^2 = 0.91782 \\
c_X = 1.74 + 0.062N, R^2 = 0.87520 \\
\theta_{sX} = 0.42 - 0.009N, R^2 = 0.91397 \\
\theta_{rX} = 0.078 - 0.004N, R^2 = 0.98463
\end{cases}
\tag{2.18}
$$

Fredlund 和 Xing 方程在拟合过程中没有考虑干湿循环次数因素对拟合结果的影响，将式（2.17）和式（2.18）代入式（2.19）中对 Fredlund 和 Xing 方程修正

$$
\theta = \theta_r + \frac{\theta_s - \theta_r}{\left\{\ln\left[e + \left(\dfrac{\Psi}{a}\right)^b\right]\right\}^c}
\tag{2.19}
$$

修正后分别可以得到脱湿和吸湿过程中体积含水率、基质吸力、干湿循环次数的数学表达式，具体函数关系式如下

脱湿过程

$$\theta_{\mathrm{T}}(\varPsi,N) =$$

$$(0.082 - 0.004N) + \cfrac{(0.43 - 0.009N) - (0.082 - 0.004N)}{\left\{ \ln\left[e + \left(\cfrac{\varPsi}{412.60\exp(-N/1.57) + 209.88} \right)^{1.67-0.099N} \right] \right\}^{1.46+0.136N}}$$

$$(2.20)$$

对式(2.20)进行化简，令

$$\begin{cases} A_{\mathrm{T}} = a_{\mathrm{T0}} + 412.6[\exp(-N/1.57) - 1] \\ B_{\mathrm{T}} = b_{\mathrm{T0}} - 0.099N \\ C_{\mathrm{T}} = c_{\mathrm{T0}} + 0.136N \\ \theta_{\mathrm{sT}} = \theta_{\mathrm{sT0}} - 0.009N \\ \theta_{\mathrm{rT}} = \theta_{\mathrm{rT0}} - 0.004N \end{cases}$$

$$(2.21)$$

式中，A_{T}、B_{T}、C_{T}、θ_{sT}、θ_{rT} 分别为（脱湿过程）与进气值相关的参数、吸力大于土体空气进气值范围内与土体失水速度相关的参数、与残余含水量相关的参数、饱和含水量、残余含水量。

将式(2.21)代入式(2.22)进行化简，化简结果见下式

$$\theta = \theta_{\mathrm{rT}} + \cfrac{\theta_{\mathrm{sT}} - \theta_{\mathrm{rT}}}{\left\{ \ln\left[e + \left(\cfrac{\varPsi}{A_{\mathrm{T}}} \right) \right]^{B_{\mathrm{T}}} \right\}^{C_{\mathrm{T}}}}$$

$$(2.22)$$

吸湿过程

$$\theta_{\mathrm{X}}(\varPsi,N) =$$

$$(0.078 - 0.004N) + \cfrac{(0.42 - 0.009N) - (0.078 - 0.004N)}{\left\{ \ln\left[e + \left(\cfrac{\varPsi}{249.93\exp(-N/1.60) + 161.58} \right)^{1.38-0.048N} \right] \right\}^{1.74+0.062N}}$$

$$(2.23)$$

对式(2.23)进行化简，令

$$\begin{cases} A_{\mathrm{X}} = a_{\mathrm{X0}} + 249.93[\exp(-N/1.60) - 1] \\ B_{\mathrm{X}} = b_{\mathrm{X0}} - 0.048N \\ C_{\mathrm{X}} = c_{\mathrm{X0}} + 0.062N \\ \theta_{\mathrm{sX}} = \theta_{\mathrm{sX0}} - 0.009N \\ \theta_{\mathrm{rX}} = \theta_{\mathrm{rX0}} - 0.004N \end{cases}$$

$$(2.24)$$

式中，A_{X}、B_{X}、C_{X}、θ_{sX}、θ_{rX} 分别为（吸湿过程）与进气值相关的参数、吸力大于土体空气进气值范围内与土体失水速度相关的参数、与残余含水量相关的参数、

饱和含水量、残余含水量。

将式(2.24)代入式(2.23)进行化简，化简结果见下式

$$\theta = \theta_{rX} + \frac{\theta_{sX} - \theta_{rX}}{\left\{ \ln \left[e + \left(\frac{\Psi}{A_X} \right) \right]^{B_X} \right\}^{C_X}} \tag{2.25}$$

图 2.20 为总吸力随平衡体积含水率的变化曲线。从图中可以看出，随体积含水率的增大总吸力降低，脱湿与吸湿过程出现明显的滞回现象，同一吸力的情况下，吸湿过程对应的体积含水率小于脱湿过程。同一含水率时，总吸力数值脱湿过程大于吸湿过程。对比图 2.19 和图 2.20 可知，当含水率较大时，土样的总吸力和基质吸力相差较大，而含水率较小时总吸力与基质吸力差距不大。从图中可知，循环级数的增大，不论是脱湿过程还是吸湿过程，土水特征曲线均向左下移动，说明土样的储水能力渐渐下降，但含水率和总吸力减小数值不大。

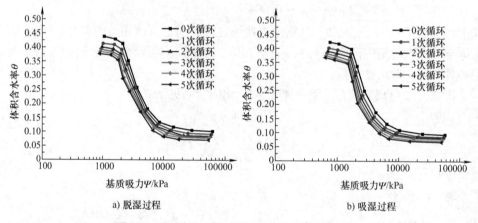

a) 脱湿过程   b) 吸湿过程

图 2.20　不同干湿循环总吸力与含水率关系曲线

上述试验采用滤纸法测定了膨胀土在不同干湿循环次数后的土水特征曲线，结果表明：

1）不论是脱湿过程还是吸湿过程，土水特征曲线呈典型的倒 S 形，曲线上有两个明显的拐点，对应着空气进气值和残余体积含水率 θ_r，且随着循环级数的增大，空气进气值不断减小，残余含水率也逐渐降低，且下降的幅值越来越小。基质吸力随体积含水率的增大而减小，随着循环级数的增大，土样持水能力逐渐下降，土水特征曲线慢慢向左下方移动，且曲线下移量随循环级数的增大而减少。说明随着循环级数的增加，体积含水率和基质吸力均变小，且下降的量越来越小。

2）各干湿循环脱湿与吸湿过程中土水特征曲线没有完全重合，在一次循环

中，脱湿曲线与吸湿曲线构成一个"滞回圈"，且"滞回圈"面积随循环级数的增大而变小。

3）通过对不同干湿循环脱湿与吸湿过程曲线的拟合，并分析干湿循环次数对拟合参数的影响得出，脱湿过程中，干湿循环对拟合参数 a 的影响最大，拟合参数 c 次之，对饱和含水率的影响最小；吸湿过程中，干湿循环对拟合参数 a 的影响最大，对残余含水率的影响次之，对饱和含水率的影响最小。

4）通过分析各拟合参数与干湿循环次数之间的关系，对 Fredlund 和 Xing 方程进行修正，可以得到脱湿与吸湿过程中体积含水率、基质吸力、干湿循环次数之间的函数关系式。

5）通过分析土体总吸力与含水率关系可知，随含水率的增加总吸力减小，脱湿与吸湿过程出现明显的滞回现象，各干湿循环变化趋势与基质吸力相同；对比基质吸力和总吸力与含水率变化曲线，当含水率较大时，土样的总吸力和基质吸力相差较大，而含水率较小时总吸力与基质吸力差距不大。

2.3　干湿循环对非饱和膨胀土的裂隙影响试验研究

膨胀土的裂隙性对其力学特性有十分大的影响，裂隙的发育一方面损害了土体的结构完整性，增加了土体的渗透通道，大大减弱了土体的强度；另一方面，裂隙的存在加剧了大气、雨水对土体的影响，加快了表层土体的风化速度，使膨胀土的增湿后膨胀、脱水后收缩的效果加剧，进而引起裂隙进一步在深度和水平方向上扩展。因此，针对不同干湿循环后裂隙的演化规律开展研究有助于发现膨胀土的裂隙发育的机理，进而为工程设计、施工提供理论指导。

过去的几十年，已有许多学者对膨胀土裂隙的产生、扩展的演化规律开展了大量研究，也得出了很多成果，但针对不同干湿循环条件下膨胀土裂隙演化的机理方面的研究还有待深入。因此，通过在实验室蒸汽加湿烘干模拟膨胀土的干湿循环，对土样表观裂隙进行观测，分析膨胀土的裂隙演化规律，分析裂隙数量、方向、宽度及面积等裂隙特征，可得出裂隙产生、扩展与干湿循环之间的关系，进而得出裂隙度与干湿循环的关系。

2.3.1　裂隙开展的原理

由于大气梯度压力的作用，土体中自由水开始蒸发，土体内含水率降低。当土体内部基质吸力 $(u_a - u_w)$ 大于或等于土体空气进气值 $(u_a - u_w)_b$ 时，土体内水分逐渐被空气排出，含水量进一步降低，膨胀土逐渐呈非饱和状态。随着含水率的降低，$(u_a - u_w)$ 渐渐增大，当 $(u_a - u_w)$ 大到某一个固定值时，地面土体最早承受拉应力。当地面土体所受拉应力大于或等于自身的抗拉强度，致使土体表面处于极限状态时，土体表面开始出现收缩裂隙。假设靠近地面的土体为均质各向同性弹性体，由线弹性力学理论可得到非饱和土体水平方向的应力-应变关系可用下式表示

$$\varepsilon_h = \frac{(\sigma_h - u_a)}{E} - \frac{\mu(\sigma_h + \sigma_a - 2u_a)}{E} + \frac{u_a - u_w}{H} \tag{2.26}$$

式中，ε_h 为水平方向的法向应变；E 为与 $(\sigma - u_a)$ 变化有关的弹性模量；σ_h 为水平方向的总法向应力；u_a 为孔隙气压力；μ 为泊松比；H 为与 $(u_a - u_w)$ 变化有关的弹性模量；u_w 为孔隙水压力。

当非饱和土为 K_0 状态时，水平方向上的应变可以视为 0，即 $\varepsilon_h = 0$。那么式 (2.26) 就可改写为

$$(\sigma_h - u_a) = \frac{\mu(\sigma_v - u_a)}{1 - \mu} - \frac{E}{1 - \mu}\frac{u_a - u_w}{H} \tag{2.27}$$

式中，σ_v 是竖直方向上的总应力。

当 $(u_a - u_w) = 0$ 时，式 (2.27) 就变成了计算饱和土的静止土压力公式。当 $(u_a - u_w) > 0$ 时，土中会产生水平应力，当土体中的应力大于或等于土体的抗拉强度时，裂隙将从地面延伸到地表以下。在裂隙最底端可以用下式表示

$$(\sigma_h - u_a) = \frac{\mu(\sigma_v - u_a)}{1 - \mu} - \frac{E}{1 - \mu}\frac{u_a - u_w}{H} = -\sigma_t \tag{2.28}$$

再假设基质吸力与深度、地下水位、地表吸力和时间之间表现为一定的函数关系，即 $(u_a - u_w) = F(z, S_0, W, t)$，那么竖向的总应力可以表示为 $\sigma_v = \gamma z$，则式 (2.28) 可以改写成

$$\frac{\mu(\gamma z - u_a)}{1 - \mu} - \frac{E}{1 - \mu}\frac{F(z, S_0, W, t)}{H} = -\sigma_t \tag{2.29}$$

但有学者现场实测发现，地面开始产生裂隙时，裂隙延伸较短，深度较浅。在不考虑孔隙气压力的情况下，可假设竖直方向总应力和孔隙气压力之差接近零，即 $(\sigma_v - u_a) \approx 0, (u_a - u_w)|_{z=0} \approx S_0$，$S_0$ 为地表基质吸力，那么式 (2.28) 可以改写成

$$\frac{E}{1 - \mu}\frac{u_a - u_w|_{z=0}}{H} = -\sigma_t \tag{2.30}$$

因此土体开始产生裂隙时，地表土体的临界基质吸力可表示为

$$S_0^{cr} = \frac{H(1 - \mu)}{E}\sigma_t \tag{2.31}$$

对于各向同性土体一维变形而言，$\dfrac{E}{H} = (1 - 2\mu)$，则式 (2.31) 可以改写成

$$S_0^{\mathrm{cr}} = \frac{(1 - \mu)}{(1 - 2\mu)} \sigma_{\mathrm{t}} \qquad (2.32)$$

当地表吸力大于等于土体的临界吸力时，土体开始产生裂隙，即

$$S_0 \geqslant S_0^{\mathrm{cr}} = \frac{(1 - \mu)}{(1 - 2\mu)} \sigma_{\mathrm{t}} \qquad (2.33)$$

式(2.33)是气候影响情况下，假设土体各向同性应用线弹性力学理论推导出的由基质吸力作用引起土体地表裂隙的依据。地表产生裂隙后，随着土体中水分不断蒸发，土体内部含水率降低，基质吸力持续增加，即随着土体含水率的减少，裂隙发育的规模越来越大，裂缝扩展深度也将进一步增大。

2.3.2　裂隙定量描述

裂隙度的概念来自实际工程。对实际工程来说，可利用裂隙倾角、走向、宽度、长度、深度、间距、分布密度等一系列的综合指标来反映混乱型的裂隙分布网络的几何分布特征。根据以往学者的研究，裂隙度通常通过裂隙面积率、长度比及分割土块的平均面积比等来表达。裂隙面积率通常指试样表观裂纹的面积与试样面积的比值，单位为%；裂隙长度比指试样表观裂隙的长度与试样面积的商，单位为 1/mm；土块平均面积指试样的净面积除以被裂隙分割的土块数量数值，单位 mm^2。裂隙度常见的定义式如以下几种

$$\delta_{\mathrm{f}} = \frac{\sum_{i=1}^{n_l} A_i}{A} \qquad (2.34)$$

$$\delta_{\mathrm{f}} = \frac{\sum_{i=1}^{n_l} l_i}{A} \qquad (2.35)$$

$$\delta_{\mathrm{f}} = \frac{\bar{l}}{\bar{d}} \qquad (2.36)$$

$$\delta_{\mathrm{f}} = \frac{\overline{A_{\mathrm{d}}}}{A} \qquad (2.37)$$

$$\delta_{\mathrm{f}} = \frac{n_{\mathrm{d}}}{A} \qquad (2.38)$$

式中，δ_{f} 为裂隙度；A_i 为第 i 条裂隙所占面积；A 为统计试样面积；n_l 为裂隙的总条数；l_i 为第 i 条裂隙的长度；$\bar{l}$ 为裂隙的平均长度；$\bar{d}$ 为裂隙的平均间距；$\overline{A_{\mathrm{d}}}$ 为被裂隙分割成的小土块的平均面积；n_{d} 为土体分割成小土块的总数。

目前，常采用压汞法、扫描电子显微镜、X 射线衍射仪、显微镜、超声和CT 扫描等方法来观测裂隙发生和发展的演化规律，然后通过图像处理方法分析裂隙发展的规律。一般处理裂隙图像的方法主要是将图像二值化，然后通过计算得出其灰度熵，或者计算图片中的黑色像素的数量来得到裂隙的面积率，进而得出裂隙发育的相关度量指标。这种图片处理技术操作简单，可实施性较强，只要事先编好程序，图片就可以进行矢量化处理，是试验中普遍使用的方法。然而，这种处理方法只能得到定量描述的单一指标，即试样的裂隙面积率，具有一定的局限性。为较好地反映裂隙的演化规律，可尝试用矢量图技术处理、分析裂隙图像，从而实现多指标综合体现膨胀土裂隙的扩展演化的规律。

2.3.3 重塑膨胀土裂隙演化试验研究

将成都地区典型膨胀土自然风干、磨碎后过 1mm 筛，制成环刀土样，制样含水率控制为 18% 左右，干密度控制为 $1.6g/cm^3$ 左右。脱水过程结束后，采用空气加湿器让土样重新增湿饱和。等试样饱和后再进行脱湿，重复 5 次，研究干湿循环条件下重塑膨胀土裂隙演化试验规律。试样图片如图 2.21 所示。

图 2.21 试样图片

首先利用图像处理软件将照片(图 2.22)进行二值化处理，即原照片中的裂隙显示为黑色，剩下的那部分显示为白色，为了确保每张图片处理后的效果相同，控制其阈值为 60，并对原光栅图片将二值化图片形成的孔洞进行消除，处理结果如图 2.23 所示。

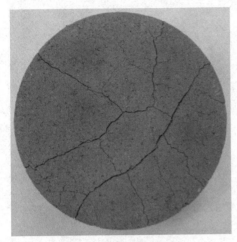

图 2.22　原裂隙图片

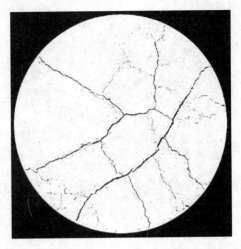

图 2.23　处理后二值化图片

　　将处理后二值化图片利用 WinTopo 图像处理软件进行矢量化处理，在处理过程中保持所有参数相同，处理时需确保每张图片矢量化的效果相同，在计算裂隙的面积率时，沿裂隙边界描摹出裂隙轮廓线矢量图，如图 2.24 所示；在计算裂隙长度比时，沿裂隙中心线生成矢量图，如图 2.25 所示。对于轮廓线矢量图，首先建立轮廓的面域，再获取裂隙的面积、分割的各小块的面积等。对于中心线矢量图，可以直接提取裂缝的长度的参数，不需要任何处理。

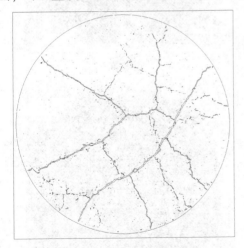

图 2.24　轮廓线矢量图

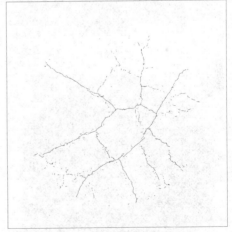

图 2.25　中心线矢量图

　　试验时，取 6 个重塑土样作为裂隙观测的对象，其编号分别为 LX1 ~ LX6，图 2.26 ~ 图 2.31 是 0 ~ 5 次干湿循环后拍摄的各土样裂隙观测图。

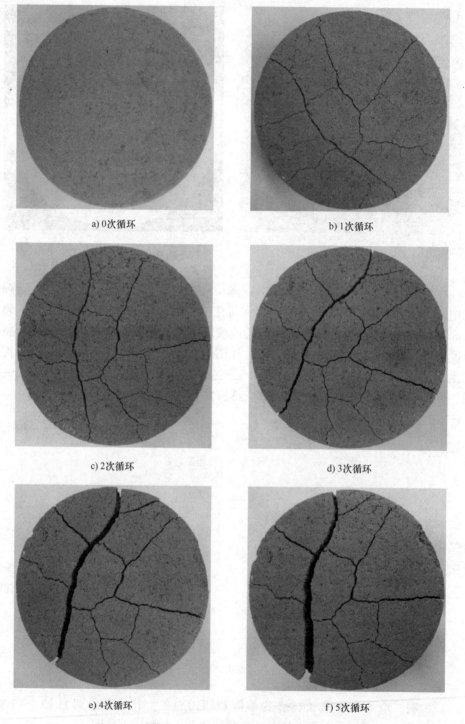

a) 0次循环

b) 1次循环

c) 2次循环

d) 3次循环

e) 4次循环

f) 5次循环

图 2.26　LX1 试样裂隙观测图片

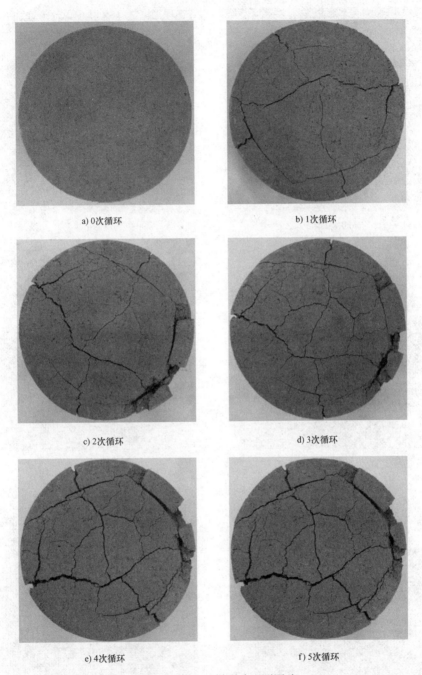

a) 0次循环　　　　　　　　　　　b) 1次循环

c) 2次循环　　　　　　　　　　　d) 3次循环

e) 4次循环　　　　　　　　　　　f) 5次循环

图 2.27　LX2 试样裂隙观测图片

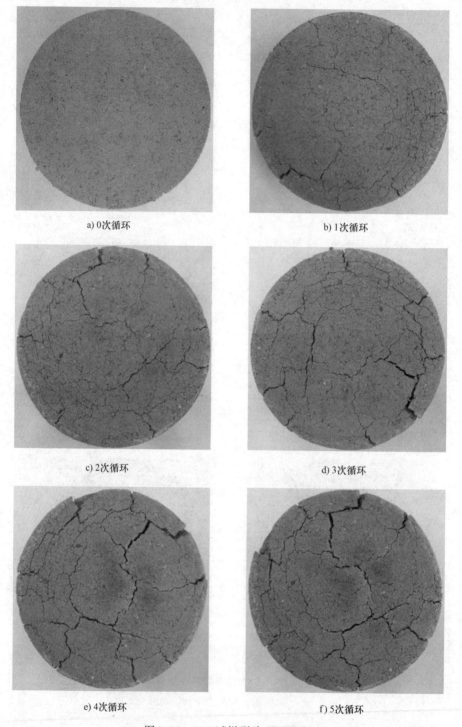

a) 0次循环   b) 1次循环

c) 2次循环   d) 3次循环

e) 4次循环   f) 5次循环

图 2.28   LX3 试样裂隙观测图片

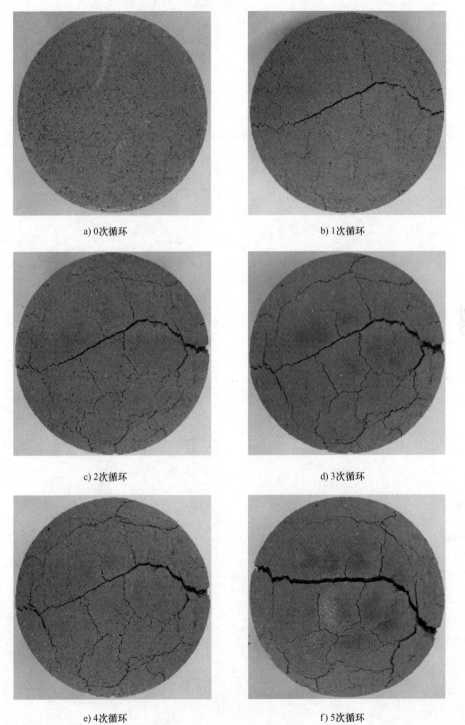

a) 0次循环

b) 1次循环

c) 2次循环

d) 3次循环

e) 4次循环

f) 5次循环

图 2.29　LX4 试样裂隙观测图片

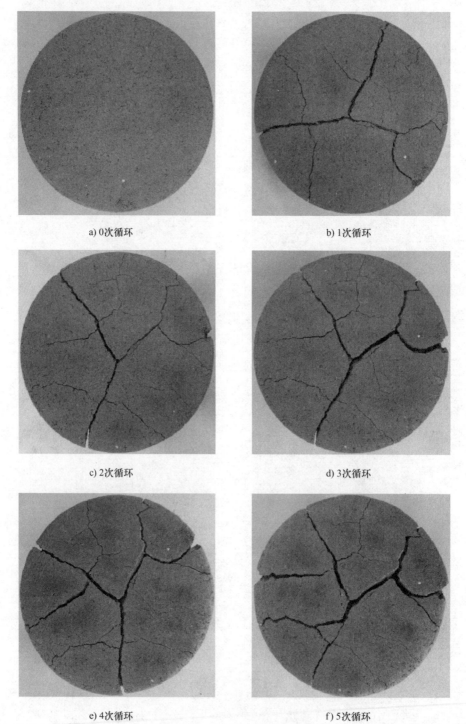

a) 0次循环

b) 1次循环

c) 2次循环

d) 3次循环

e) 4次循环

f) 5次循环

图 2.30　LX5 试样裂隙观测图片

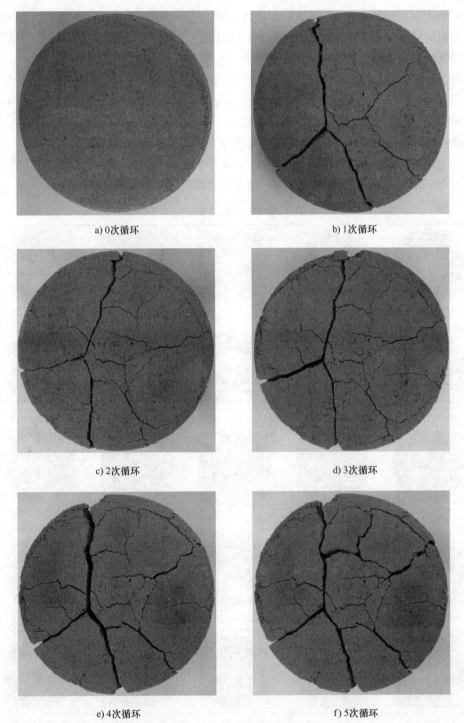

a) 0 次循环　　　　　　　　　　　　　b) 1 次循环

c) 2 次循环　　　　　　　　　　　　　d) 3 次循环

e) 4 次循环　　　　　　　　　　　　　f) 5 次循环

图 2.31　LX6 试样裂隙观测图片

从图2.26~图2.31中可以看出：第1次循环后，土样产生少量主裂隙，裂缝的宽度相对较小，被裂隙分割的土块较大，土样相对完整；第2次循环后，试样裂隙数量明显增多，裂隙宽度、长度进一步增加，土样进一步被裂隙分割，块度数量增加，且面积逐渐变小；第3次循环后，试样原有的裂隙继续扩展，裂隙之间相互连通发育成网状，裂隙宽度基本保持不变，并有少量的新裂隙产生；第4次循环后，不再有新裂隙产生，裂隙宽度、长度、深度基本稳定，部分裂隙贯通试样；第5次循环后，裂隙数量基本不再增加，土样裂隙形成不规则的网络，试样被分割成破碎的块状。

为研究裂隙开展与含水率的关系，采集不同干湿循环次数在不同时间的图片，见表2.13，其中N代表循环次数，t代表试样脱湿时间（单位：h）。

表 2.13　LX4 试样裂隙图片

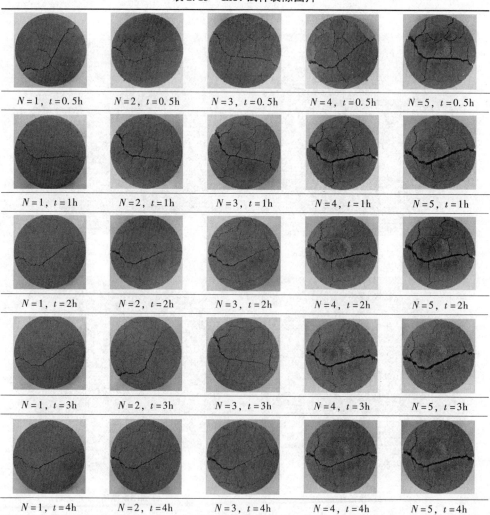

$N=1,\ t=0.5$h	$N=2,\ t=0.5$h	$N=3,\ t=0.5$h	$N=4,\ t=0.5$h	$N=5,\ t=0.5$h
$N=1,\ t=1$h	$N=2,\ t=1$h	$N=3,\ t=1$h	$N=4,\ t=1$h	$N=5,\ t=1$h
$N=1,\ t=2$h	$N=2,\ t=2$h	$N=3,\ t=2$h	$N=4,\ t=2$h	$N=5,\ t=2$h
$N=1,\ t=3$h	$N=2,\ t=3$h	$N=3,\ t=3$h	$N=4,\ t=3$h	$N=5,\ t=3$h
$N=1,\ t=4$h	$N=2,\ t=4$h	$N=3,\ t=4$h	$N=4,\ t=4$h	$N=5,\ t=4$h

（续）

| $N=1$，$t=6h$ | $N=2$，$t=6h$ | $N=3$，$t=6h$ | $N=4$，$t=6h$ | $N=5$，$t=6h$ |

对表 2. 13 中裂隙图片进行矢量化处理，并提取矢量图中裂隙的总面积和总长度，按照式(2. 34) ~ 式(2. 38)进行裂隙度的计算。

试样总面积是以未经循环的土样烘干后的面积为基准，图 2. 32 是裂隙面积率随含水率变化的曲线，通过式(2. 34)计算，图 2. 34 是裂隙长度比与含水率的关系曲线。通过式(2. 35)计算图裂隙平均宽度定义为裂隙总面积与总长度的比值。图 2. 38 是单位面积上分块个数，由式(2. 38)计算所得。图 2. 39 是单位面积上土块的平均面积，由式(2. 37)计算所得，试样土块净面积等于总面积与裂隙面积两者的差值。

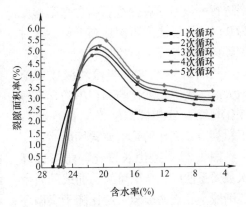

图 2. 32　裂隙面积率随含水率变化曲线

由图可知，裂隙发育最剧烈的是开始脱湿后的 0. 5 ~ 2h，试样烘干初期含水率减小速率比较慢，但裂隙面积快速增大，当试样烘干 1h 之后，裂隙总面率积会达到峰值。随着脱湿继续进行，裂隙面积率显著下降，在含水率比较小时达到相对稳定的值。第 1 次脱湿过程当中，峰值对应的含水率相对较大，当循环级数逐渐增大时，出现峰值时的含水率逐渐减小，残余裂隙面积率逐渐增加。

图 2. 33 是裂隙面积率与干湿循环次数关系曲线。从图中可以看出：裂隙面积率随干湿循环次数的增加逐渐变大，且变化速率逐渐减小。在第 1、2 次循环时曲线斜率最大，说明在第 1、2 次循环裂隙面积率增长速度最快。

试样脱湿过程中，表面直接与外界热空气发生热交换，因此表面失水速率

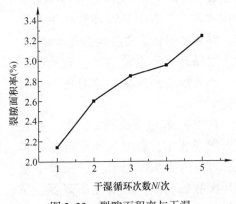

图 2. 33　裂隙面积率与干湿
循环次数关系曲线

远高于内部土体，由于脱水速率差异进而导致土体内应力改变。表面失水速率大于试样内部，使得其存在一个含水率梯度。含水率梯度的存在，导致试样上部受拉，当土体内部拉应力大于等于抗剪强度时，试样表面开始产生裂隙。随着脱湿的继续，含水率梯度逐渐增大，致使试样表面的裂隙进一步开展且数量不断增多。由于裂隙的产生为试样内部水分的蒸发提供了有利通道，上下含水率梯度又逐渐减小，因此裂隙增长速率在脱湿进行一段时间后变小。当含水率梯度为 0 时，试样应力再次达到平衡，此时裂隙面积和长度不再增加。

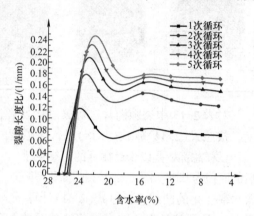

图 2.34　裂隙长度比与含水率关系曲线

从图 2.34 可知：当循环级数逐渐增大时，裂隙长度比与面积率随含水率变化规律大致相同，但不同循环次数下，裂隙长度比的峰值差异性明显。

图 2.35 是裂隙长度比与干湿循环次数关系曲线，从图可知，曲线的斜率逐渐减小，表明裂隙长度比随干湿循环次数的增加逐渐增大，且增加的速率越来越小。裂隙长度比随干湿循环次数大致呈类对数函数的关系曲线。

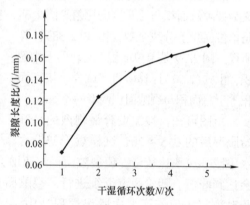

图 2.35　裂隙长度比与干湿循环次数关系曲线

综上所述，含水率梯度是导致裂隙产生并发育的主要原因。当循环级数逐渐增大时，膨胀土裂隙逐步产生并发育，其总面积和总长度均会逐渐增加，但干湿循环并不会使裂隙一直增长下去，当其数值到达某一值时便会保持稳定。

从图 2.36 中不难得知，第 1 次循环脱湿过程中，裂隙平均宽度峰值最大，对应的含水率也最大。随着干湿循环次数的增加，峰值逐渐降低，裂隙平均宽度缓慢减小，变化规律恰好与前两者相反，裂隙平均宽度与裂

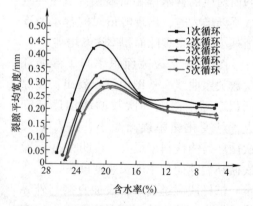

图 2.36　裂隙平均宽度与含水率关系曲线

长度比在脱湿过程中都存在峰值现象。

　　图 2.37 是裂隙平均宽度与干湿循环次数关系曲线，从图中可以看出，前 4 次循环过程中，随循环次数的增加，裂隙平均宽度逐渐减小。但第 5 次循环与前 4 次变化规律不同，有待进一步研究。

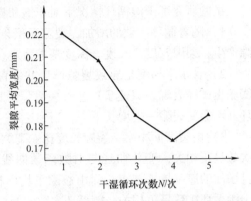

图 2.37　裂隙平均宽度与干湿循环次数关系曲线

　　图 2.38 是不同干湿循环土样分割块数曲线。由图可知，第 1、2 次干湿循环后，土样被分割的块数急剧增加，随后块数基本稳定在一个值，进一步说明干湿循环作用是有限的。

　　图 2.39 为干湿循环次数与土块平均面积之间的关系曲线，由图可知：当循环级数逐渐增大时，土块平均面积逐渐减小，在第 1、2 次循环后急剧减小，在之后的循环中逐渐减小并趋于 93mm^2，说明干湿循环到一定次数后，膨胀土基本不再出现新的裂隙，裂隙总长度不再增加。

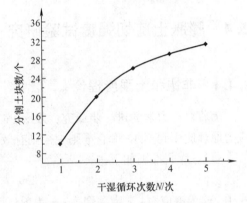

图 2.38　不同干湿循环土样分割块数曲线

　　上述研究结果表明，脱湿后的土样重新加湿饱和时，由于膨胀土膨胀压力的作用，裂隙会逐渐闭合，但只是表面上的闭合，土体内部结构并没有完全愈合，土体内部的抗拉强度并没有完全恢复。当土样再度进行脱湿时，原有的裂隙会更容易开展，从而导致裂隙开始快速发育的时间会更短。由于裂隙的出现，试样被分割成多个形状不规则的小土块，裂隙数量越多，土块的面积越小，土内水分蒸发通道越来越多

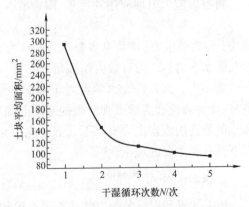

图 2.39　不同干湿循环分割土块平均面积变化曲线

且越来越短，水分平衡速率就会更快，对应的土体含水率梯度变化速率就越快。当含水率梯度再次为 0 时，裂隙不再增多。这就是干湿循环导致土体表观裂隙总面积和总长度不断增大，最后逐渐趋于一个稳定值的原因。

试验研究了干湿循环情况下对非饱和膨胀土的裂隙发展规律，结果表明：

1）随着循环次数的增加，裂隙面积会逐渐增大，但第 4 次循环后不再有新裂隙产生，裂隙宽度、长度、深度基本稳定。

2）含水率梯度是导致裂隙产生并发育的主要原因。当循环级数不断增大时，膨胀土试样表观裂隙逐步产生并发育，总面积和总长度均会逐渐增加，但干湿循环并不会使裂隙一直增长下去，当到达某一值时便会保持稳定。

3）由裂隙面积率、裂隙长度比、裂隙分割土块个数表示的裂隙度与干湿循环次数呈正相关，变化曲线与对数函数曲线相似，随循环次数的增加裂隙度增加，且增加的速率越来越小。而由裂隙平均面积、分割土块平均面积表示的裂隙度和干湿循环次数呈负相关，随循环次数的增加裂隙度减小，且减小的速率越来越小。

2.4　膨胀土剪切强度试验研究

2.4.1　非饱和土强度理论

随着对土力学的进一步研究，Terzaghi 首次提出了有效应力原理，进而将有效应力原理应用到莫尔–库仑准则中得到有效应力的公式。

莫尔–库仑准则如下

$$\tau_f = c + \sigma \tan\varphi \tag{2.39}$$

式中，τ_f 为剪应力；c 为黏聚力；σ 为剪切面上法向主应力；φ 为内摩擦角。

将有效应力原理应用到莫尔–库仑准则中的有效应力公式如下

$$\tau_f = c' + \sigma' \tan\varphi' \tag{2.40}$$

式中，τ_f 为剪应力；c' 为有效黏聚力；σ' 为有效应力，$\sigma' = \sigma - u_w$，σ 为总应力；u_w 为孔隙水压力；φ' 为有效内摩擦角。

近年来，国内外专家学者对于非饱和土的抗剪强度理论进行了大量研究，在莫尔–库仑理论和实际工程经验的基础上提出了各种新的理论，他们认为影响非饱和土的强度的因素主要有以下几点：应力路径、土体结构、土体含水量、密度等。以下是几种主要的理论。

1. Bishop 公式[197-198]

Bishop 等利用唯象的方法建立了非饱和土抗剪强度的有效应力原理。

$$\tau_f = c' + [\sigma - u_a + \chi(u_a - u_w)] \tan\varphi' \tag{2.41}$$

$$\sigma' = \sigma - u_a + \chi(u_a - u_w) \tag{2.42}$$

$$\tau_f = c' + \sigma' \tan\varphi' \tag{2.43}$$

式中，τ_f 为剪应力；σ 为剪切面上法向主应力；c' 为有效黏聚力；φ' 为有效内摩擦角；u_a 为孔隙气压力；u_w 为孔隙水压力；χ 为与土的种类、土的饱和度、循环级数、应力和吸力的路线相关的参数，$0 \leqslant \chi \leqslant 1$，干土取值为 0，饱和土取值为 1。

Bishop 主要通过试验和数据分析等对 χ 取值，系数 χ 缺乏明确的物理意义，无法从理论上明确解释。

2. Fredlund 双变量公式

Fredlund 在净应力（$\sigma - u_a$）和基质吸力（$u_a - u_w$）两个独立的变量基础上[199]提出了双变量理论

$$\tau_f = c' + (\sigma - u_a)\tan\varphi' + (u_a - u_w)\tan\varphi_b \qquad (2.44)$$

式中，c' 为有效黏聚力；φ' 为有效内摩擦角；φ_b 为随强度吸力变化的内摩擦角；（$\sigma - u_a$）为土体的净正应力；（$u_a - u_w$）为破坏面的基质吸力。

3. Fredlund 非线性强度公式

许多研究结果表明，φ_b 不是常数，但对于绝大部分土而言，φ_b 是伴随土的性质而变化的值，且呈现出非线性抗剪强度特性。Fredlund 研究非饱和土土水特征曲线的应用，经过大量的试验数据分析，提出了非线性强度公式

$$\tau_f = c + (\sigma - u_a)\tan\varphi + \tan\varphi \int_0^s \left(\frac{S - S_r}{1 - S_r}\right)ds \qquad (2.45)$$

式中，$s = (u_a - u_w)$，为吸力；S 为饱和度；S_r 为残余饱和度。

4. 沈珠江双曲公式

通过对比单变量和双变量理论发现，双变量实际上是用 $\tan\varphi_b$ 替代了 χ（$\chi = \frac{\tan\varphi_b}{\tan\varphi'}$），并在此基础上提出折减吸力和广义吸力的概念。根据广义吸力的概念，非饱和土的强度由以下三部分组成：黏聚力、土颗粒间的摩擦力和广义吸力，进而提出另一种形式的强度公式[200]

$$\tau_f = c' + (\sigma - u_a)\tan\varphi' + \frac{u_a - u_w}{1 + d(u_a - u_w)}\tan\varphi' \qquad (2.46)$$

虽然该公式拟合精度不够，但也受到了许多学者的认可。与公式（2.41）相比，式（2.46）中 $\chi = \dfrac{1}{1 + d(u_a - u_w)}$；与饱和土公式（2.40）相比，式（2.46）仅增加了一个参数，但物理意义更加明确。

5. 卢肇钧修正公式

卢肇钧总结了 Bishop 和 Fredlund 的强度理论，提出非饱和土抗剪强度主要包括土体自身的黏聚力、外摩擦强度和内摩擦强度。由于非饱和土的吸力及吸附强

度很难准确测定，卢肇钧提出以膨胀力来替代非饱和土的吸力部分，在此基础上提出了非饱和土的破坏准则[197]，并于1997年修正为

$$\tau_f = c' + (\sigma - u_a)\tan\varphi' + mp_s\tan\varphi' \tag{2.47}$$

式中，p_s 为体积不变情况下土体吸水膨胀时的膨胀压力；m 为有效膨胀力系数。

6. 缪林昌双曲模型

缪林昌在大量实验的基础上，提出了利用吸力强度来计算抗剪强度的双曲模型[198]

$$\tau_f = c' + (\sigma - u_a)\tan\varphi' + \cfrac{u_a - u_w}{a + \cfrac{a-1}{p_a}(u_a - u_w)} \tag{2.48}$$

式中，c' 为有效黏聚力；φ' 为有效内摩擦角；$(\sigma - u_a)$ 为土体的净正应力；$(u_a - u_w)$ 为破坏面的基质吸力；a 为试验参数，p_a 为大气压力。

对非饱和土的强度理论的研究一直是土力学的一个重点和难点，虽然许多学者在试验的基础上建立了相应的非饱和土强度公式，以 Bishop 的单应力状态变量和 Fredlund 的双应力状态变量最为普遍，且具有重要的理论意义，在实际工程应用中也很普遍。由于膨胀土干湿循环的复杂性，许多非饱和土的强度理论并不能反映干湿循环对膨胀土的强度的影响。基于此，研究干湿循环、干密度和含水率对膨胀土抗剪强度的影响，对弄清膨胀土的强度特性有重要的理论和实际意义。

2.4.2　含水率对膨胀土抗剪强度的试验研究

对 13.87%、16.12%、18.17%、19.93%、22.11%、23.89% 等 6 种不同含水率的土样开展剪切试验，试样干密度控制在 1.6g/cm³左右，部分试样如图 2.40 所示。

此次试验共分为 6 组，干密度在 1.56～1.63g/cm³，在试验中忽略干密度对实验结果的影响。在试验过程中发现，土样破坏形式并不像其他黏土，膨胀土土样在剪切过程中有明显的剪胀现象，且剪切过程中没有发生明显的脆性破坏，而是产生了剪切的塑性破坏。

图 2.40　部分膨胀土试样

图 2.41 是不同含水率时各应力下剪应力与位移的曲线，从图中可知，当含水率相同时，随着竖向压力的不断增大，试样的抗剪强度逐渐增大，而且在竖向压力较低时抗剪强度的增幅较小，当竖向压力较大时，抗剪强度的增加幅度较大。

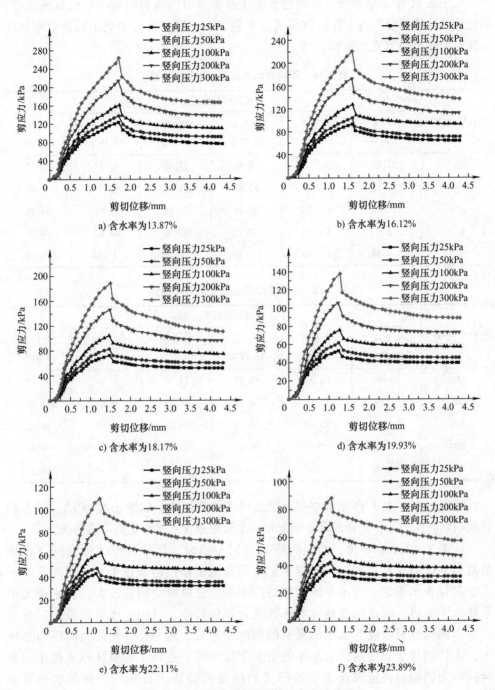

图 2.41　不同含水率下剪应力与位移曲线

从图 2.41 中可以看出，不同含水率土样破坏时曲线有明显的峰值抗剪强度，因此取其峰值强度作为土样抗剪强度，见表 2.14。同样可以得到不同含水率试样破坏后的残余强度值，见表 2.15。

表 2.14　不同含水率膨胀土的抗剪强度

竖向压力/kPa	峰值抗剪强度/kPa					
	含水率 13.87%	含水率 16.12%	含水率 18.17%	含水率 19.93%	含水率 22.11%	含水率 23.89%
25	123.52	90.62	75.47	53.05	41.92	36.15
50	139.85	107.39	82.87	59.95	47.93	41.97
100	158.24	124.72	99.29	78.89	61.68	49.16
200	216.80	175.83	148.25	107.87	84.83	69.94
300	263.19	221.94	185.65	135.95	112.38	92.25

表 2.15　不同含水率膨胀土的残余强度

竖向压力/kPa	残余抗剪强度/kPa					
	含水率 13.87%	含水率 16.12%	含水率 18.17%	含水率 19.93%	含水率 22.11%	含水率 23.89%
25	75.98	64.54	51.37	39.52	32.07	27.89
50	91.19	71.51	59.75	45.19	35.51	31.70
100	110.16	93.70	74.19	57.28	46.40	38.02
200	137.54	112.75	95.67	73.20	56.80	46.74
300	166.00	137.41	110.36	88.84	70.44	57.36

将表 2.14、表 2.15 的数据通过图的形式体现出来，如图 2.42 所示。图 2.42 是相同竖向压力下，土样的峰值强度和残余强度随含水率变化的关系曲线。

从图 2.42 不难看出，当竖向应力为同一值时，试样的峰值强度随含水率的增大而降低，且曲线的斜率越来越小即降低的幅值越来越小。试样的含水率低于最佳含水率时，含水率的增加对应的峰值强度减小幅值较大，含水率大于最佳含水率时，峰值强度随含水率的变化幅度较小。从图中还可以看出，各竖向压力的峰值强度随含水率的降低的幅度和趋势大致一样，相同竖向压力条件下，土样的残余强度随着含水率的增大逐渐降低，且减小的幅度越来越小，各竖向压力的峰值强度随含水率的降低的幅度和趋势大致相同。在含水率较低时，峰值强度与残余强度的差值比较大，当含水率不断增大，两者之间的差值逐渐减小。

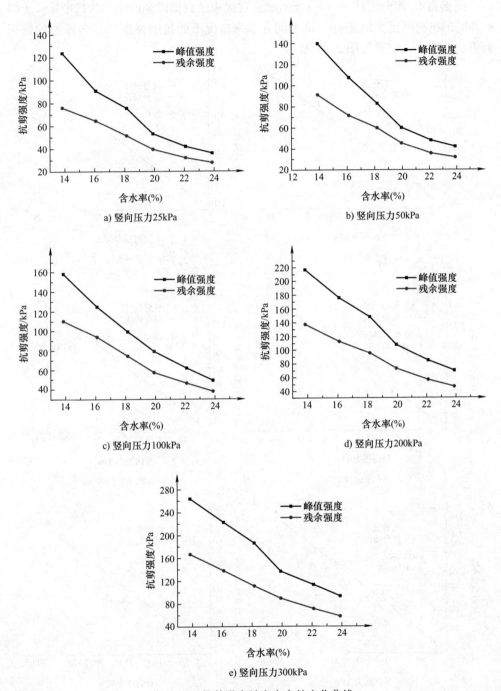

图 2.42 抗剪强度随含水率的变化曲线

根据莫尔-库仑定律 $\tau_f = c + \sigma\tan\varphi$，对表中的数据以竖向应力为横坐标，土样破坏时的抗剪强度为纵坐标，将不同含水率情况下的抗剪强度与竖向压力的数据分析进行拟合，结果如图 2.43 所示。

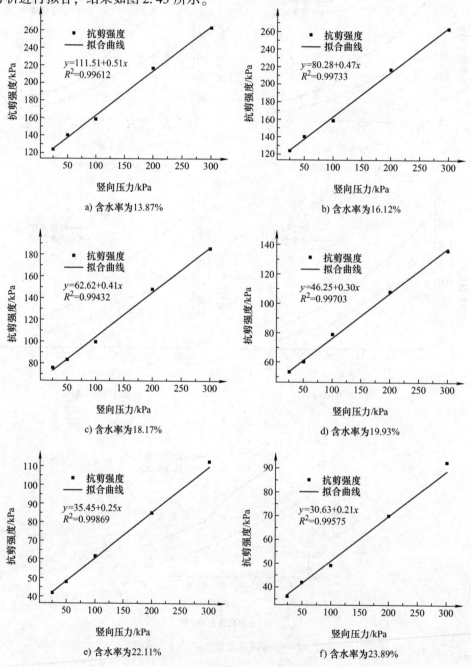

图 2.43　抗剪强度与竖向压力关系曲线

从图 2.43 中能够看出，试验所得数据的线性关系较好。随含水率的增加，曲线的斜率逐渐降低，且截距逐渐减小。通过将拟合线性方程与莫尔-库仑公式进行比较，得到了在不同含水率时，土样的黏聚力 c 和内摩擦角 φ，见表 2.16。

表 2.16　不同含水率时土样的抗剪强度指标

含水率（%）	黏聚力/kPa	内摩擦角/(°)
13.87	111.51	27.1
16.12	80.28	25.3
18.17	62.62	22.4
19.93	46.25	16.8
22.11	35.45	14.3
23.89	30.63	11.8

图 2.44 显示了黏聚力与含水率之间的关系曲线。由图可知，当含水率从 13.87% 增加到 16.12% 时，试样的黏聚力由 111.51kPa 减小为 80.28kPa，减小幅值为 31.23kPa；当含水率从 16.12% 增加到 18.17% 时，土样的黏聚力由 80.28kPa 减小到 62.62kPa，减小幅度为 17.66kPa；当含水率从 18.17% 增加到 19.93% 时，土样的黏聚力由 62.62kPa 减小为 46.25kPa，减小幅值为 16.37kPa；当含水率从 19.93% 增加到 22.11% 时，土样的黏

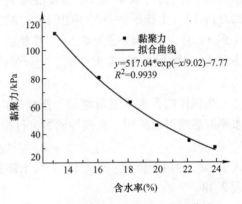

图 2.44　黏聚力和含水率的关系曲线

聚力由 46.25kPa 减小到 35.45kPa，减小幅度为 10.80kPa；当含水率从 22.11% 增加到 23.89% 时，土样的黏聚力由 35.45kPa 减小为 30.63kPa，减小幅值为 4.82kPa。因此，当含水率不断增加，试样的黏聚力逐渐减小，且减小的幅值不断变小。

因此，黏聚力与含水率之间的关系可采用指数函数拟合，且具有很好的相关性，其基本关系式为

$$c_w = A_w \exp(-w/B_w) - D_w \tag{2.49}$$

式中，c_w 为黏聚力；w 为含水率；A_w、B_w、D_w 为与土样剪切的初始条件相关的系数，计算结果见表 2.17。

表 2.17 黏聚力和含水率的关系曲线拟合参数

A_w	B_w	D_w	R^2
517.04	9.02	7.77	0.9939

图 2.45 是内摩擦角与含水率之间的关系曲线，从图可知，当含水率从 13.87% 增加到 16.12% 时，土样的内摩擦角由 27.1° 减小为 25.3°，减小幅值为 1.8°；当含水率从 16.12% 增加到 18.17% 时，土样的内摩擦角从 25.3° 减小到 22.4°，减小幅度为 2.9°；当含水率从 18.17% 增加到 19.93% 时，土样的内摩擦角由 22.4° 减小为 16.8°，减小幅值为 5.6°；当含水率从 19.93% 增加到 22.11% 时，土样的内摩擦角由 16.8° 减小到 14.3°，减小幅度为 2.5°；当含水

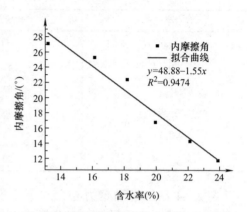

图 2.45 内摩擦角与含水率的关系曲线

率从 22.11% 增加到 23.89% 时，土样的内摩擦角由 14.3° 减小为 11.8°，减小幅值为 2.5°。

当试样的含水率逐渐增加，土样的内摩擦角不断变小。因此，内摩擦角和含水率的曲线可以采用一次线性函数进行拟合，其函数式为

$$\varphi_w = E_w - F_w w \tag{2.50}$$

式中，φ_w 为内摩擦角；E_w、F_w 为与土样剪切的初始条件相关的系数，计算结果见表 2.18。

表 2.18 内摩擦角和含水率拟合参数

E_w	F_w	R^2
48.88	1.55	0.9474

综上分析可知，含水率对膨胀土的抗剪强度指标 c、φ 有较大的影响，且 c、φ 的值随含水率的增大而明显减小。所以，当土体的含水率不断增大时，膨胀土的抗剪强度和残余强度都显著减小。将式(2.49)和式(2.50)代入莫尔-库仑公式可以得到

$$\tau_f = \left[A_w \exp(-w/B_w) - D_w \right] + \sigma \tan(E_w - F_w w) \tag{2.51}$$

将式(2.51)化简可得

$$\tau_f = c_w + \sigma \tan\varphi_w \tag{2.52}$$

式中，c_w 为与含水率相关的黏聚力；φ_w 为与含水率相关的内摩擦角。

因此，利用式(2.52)来分析膨胀土抗剪强度与含水率之间的关系不仅具有理论意义，还可以指导膨胀土边坡、路基、基坑工程的安全设计。

2.4.3　干密度对膨胀土抗剪强度的试验研究

对含水率为18%左右的4种不同干密度的土样开展剪切试验，通过控制压实度来预设定试样的干密度为1.38g/cm³、1.51g/cm³、1.63g/cm³、1.74g/cm³。试样制作过程中，含水率控制在18%左右。

图2.46是不同干密度膨胀土土样在5组竖直压力下的剪应力与位移曲线。从剪应力-位移曲线可以看出：当剪切位移不断增大时，土体内剪应力逐渐增大，曲线明显出现峰值，故膨胀土的抗剪强度可取峰值强度。

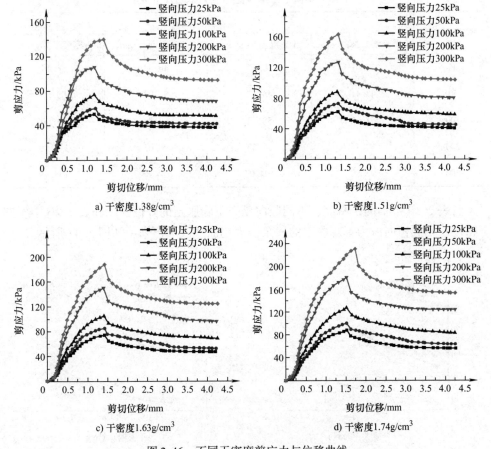

图 2.46　不同干密度剪应力与位移曲线

从图2.46中可得到其他干密度试样在不同竖向压力下的峰值抗剪强度和残余抗剪强度，见表2.19和表2.20。

表 2.19 不同干密度膨胀土的抗剪强度

竖向压力/kPa	抗剪强度/kPa			
	干密度 1.38g/cm³	干密度 1.51g/cm³	干密度 1.63g/cm³	干密度 1.74g/cm³
25	53.79	62.57	74.37	88.35
50	58.48	73.25	89.25	104.52
100	76.43	85.68	112.23	123.56
200	106.35	127.62	150.34	180.66
300	140.67	158.82	188.34	225.76

表 2.20 不同干密度各竖向压力下的残余强度

竖向压力/kPa	残余强度/kPa			
	干密度 1.38g/cm³	干密度 1.51g/cm³	干密度 1.63g/cm³	干密度 1.74g/cm³
25	38.01	40.89	46.83	56.14
50	42.41	45.47	52.07	63.60
100	51.58	58.77	68.78	83.50
200	68.46	80.63	96.03	124.19
300	92.88	104.07	124.54	153.19

将表 2.19 中不同干密度、不同竖向压力下膨胀土的峰值强度和表 2.20 中不同干密度、不同竖向压力下膨胀土的残余强度用曲线表示出来，如图 2.47 所示。

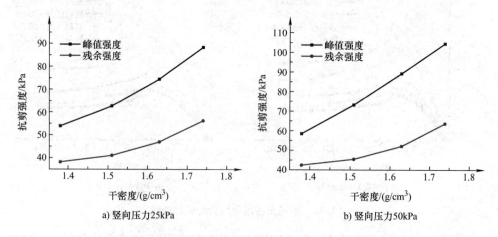

a) 竖向压力25kPa   b) 竖向压力50kPa

图 2.47 抗剪强度随干密度的变化曲线

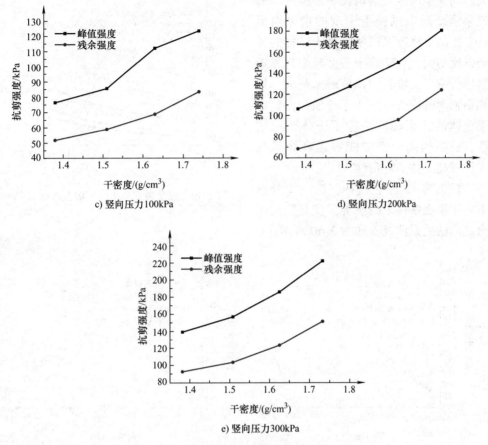

c) 竖向压力100kPa

d) 竖向压力200kPa

e) 竖向压力300kPa

图2.47　抗剪强度随干密度的变化曲线（续）

　　不同竖向压力下峰值强度与干密度之间的关系曲线，如图2.48所示。干密度相同时，当竖向压力逐渐增大时，峰值强度明显增加，且增加的幅度越来越大。同一竖向压力的情况下，当干密度不断增大时，膨胀土试样的峰值强度显著增加，且增长幅值随干密度的增加而增大。

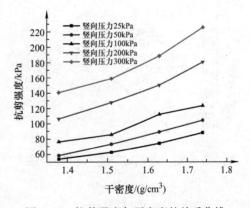

图2.48　抗剪强度与干密度的关系曲线

　　不同竖向压力下残余强度与干密度的关系曲线，如图2.49所示。干密度相同时，当竖向压力不断增长时，峰值强度明显增加，且增长的幅度越来越

大。同一竖向压力的情况下，膨胀土的
残余强度随着试样干密度的增大而提
高。提高干密度可以使膨胀土试样的残
余强度增大，且随着干密度越来越靠近
最佳干密度，增长的幅值越来越大，但
残余强度的增长速率小于峰值强度。由
于土体的残余强度决定了土体的稳定
性，适当提高干密度能够提高峰值强
度，提高土体的稳定性。

根据莫尔-库仑定律，进一步分析
不同干密度条件下的抗剪强度与竖向压
力之间的关系曲线，如图 2.50 所示。

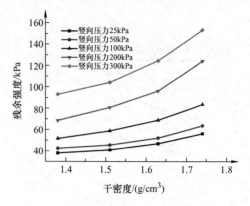

图 2.49　残余强度与干密度的关系曲线

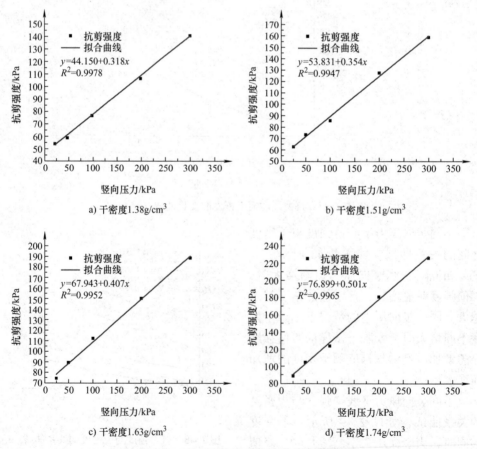

a) 干密度1.38g/cm^3

b) 干密度1.51g/cm^3

c) 干密度1.63g/cm^3

d) 干密度1.74g/cm^3

图 2.50　抗剪强度与竖向压力关系曲线

　　从图中可以看出试验所得数据的线性关系较好,当干密度不断增加,拟合曲线的斜率逐渐增大,拟合曲线的截距也不断增加。把拟合好的线性式和莫尔-库仑定律比较,可以得到土样在不同干密度的条件下的黏聚力 c 和内摩擦角 φ,见表 2.21。

表 2.21　不同干密度时膨胀土的抗剪强度指标

干密度/(g/cm³)	黏聚力/kPa	内摩擦角/(°)
1.38	44.150	17.6
1.51	53.831	19.5
1.63	67.943	22.2
1.74	76.899	26.6

　　黏聚力与干密度的关系曲线如图 2.51 所示,由图可知:当干密度由 1.38g/cm³ 增加到 1.51g/cm³ 时,黏聚力由 44.15kPa 增加到了 53.831kPa,增加了 9.681kPa;干密度由 1.51g/cm³ 增加至 1.63g/cm³ 时,黏聚力由 53.831kPa 增加到了 67.943kPa,增加了 14.112kPa;当干密度由 1.63g/cm³ 增加到 1.74g/cm³ 时,黏聚力由 67.943kPa 增加到了 76.899kPa,残余强度增加了 8.956kPa。经分析,黏聚力与干密度呈较好的线性关系。黏聚力形成

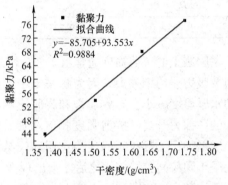

图 2.51　黏聚力与干密度的关系曲线

类型分为三种,一是土粒间的水分通过相互连接形成的水膜;二是土颗粒内结构单元的离子键、氢键等连接作用;三是土颗粒之间的胶结作用。本次试验过程中,含水率基本保持不变,增加土体的干密度,相当于减小了土粒间水膜的厚度,同时增加了土颗粒之间的胶结作用,导致抗剪强度增大。

　　黏聚力与干密度的线性回归曲线见下式

$$c_\rho = A_\rho + B_\rho \rho_d \tag{2.53}$$

式中, c_ρ 为黏聚力; ρ_d 为干密度; A_ρ、B_ρ 为与初始剪切条件相关的系数,其拟合参数见表 2.22。

表 2.22　黏聚力随干密度变化曲线拟合参数

A_ρ	B_ρ	R^2
-85.705	93.533	0.9884

图 2.52 是内摩擦角和干密度的关系曲线。从图中可知，随着干密度的增大，内摩擦角不断增加，且增加的速率越来越大。根据试验结果，内摩擦角与干密度的关系曲线可以采用指数函数拟合，其拟合关系式为

$$\varphi_\rho = D_\rho \exp(-\rho_d / E_\rho) + F_\rho \quad (2.54)$$

式中，φ_ρ 为内摩擦角；D_ρ、E_ρ、F_ρ 为初始剪切条件相关的系数，拟合结果见表 2.23。

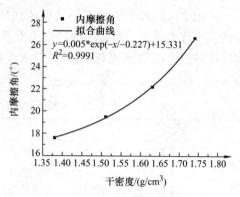

图 2.52　内摩擦角和干密度的关系曲线

表 2.23　黏聚力随干密度变化曲线拟合参数

D_ρ	E_ρ	F_ρ	R^2
0.005	− 0.227	15.331	0.9991

膨胀土的抗剪强度通常由 4 部分构成：土颗粒之间的黏聚力、土颗粒间的摩擦力及吸力、约束外力。因为膨胀土中内部有基质吸力，随着干密度增大，土粒间的水膜厚度减小，导致非饱和膨胀土的基质吸力增加，在基质吸力的作用下，附加的摩擦力升高，抗剪强度相应增加。同时，干密度增大，土骨架压缩，土颗粒密度增加，土颗粒间的连接作用和胶结作用增强；当膨胀土受到剪切力时，先需克服土颗粒间胶结作用之后才会出现滑动，抗剪强度同样得到提高；干密度变大，孔隙比减小，也有利于土壤水分的表面张力的发挥。

初始含水率恒定而干密度增加，因为受到环刀的限制，试样在径向不能自由膨胀，致使土体内膨胀力增加，等同于给试样加了一个边界约束力。已有学者研究表明，给膨胀土一个约束力能够显著提高它的抗剪强度。所以，含水率不变时提高试样的干密度，土体的抗剪强度增加。

将式(2.53)和式(2.54)代入莫尔-库仑抗剪强度公式就可以得到干密度对膨胀土抗剪强度计算公式

$$\tau_f = (A_\rho + B_\rho \rho_d) + \sigma \tan[D_\rho \exp(-\rho_d / E_\rho) + F_\rho] \quad (2.55)$$

将式(2.55)化简可得

$$\tau_f = c_\rho + \sigma \tan \varphi_\rho \quad (2.56)$$

式中，c_ρ 为与干密度相关的黏聚力；φ_ρ 为与干密度相关的内摩擦角。

利用式(2.56)来分析干密度对膨胀土抗剪强度的影响，可以指导膨胀土边坡、路基、基坑工程的安全设计。

2.4.4 干湿循环对膨胀土抗剪强度的试验研究

为研究膨胀土抗剪强度与干湿循环次数之间的关系，通过人为控制试样的含水率和干密度，将试样进行不同次数干湿循环后的土样剪切试验，获得在不同干湿循环次数条件下的抗剪强度，进而分析循环级数对膨胀土抗剪强度、抗剪强度指标的影响。

试验过程中，控制试样的含水率为 18%、干密度为 $1.6g/cm^3$，试样经过不同干湿循环次数（0、1、2、3、4、5），循环幅度介于缩限含水率 4.5% 与饱和含水率 32% 之间，如图 2.53 所示，采用称重法控制循环幅度。

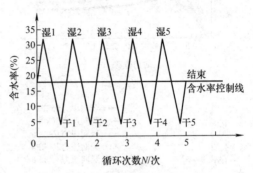

图 2.53 干湿循环过程示意图

试验共对 30 个重塑土样开展直接剪切试验，每 5 个干密度、含水率最为相近的土样分为一组，共分为 6 组。实际含水率为 17.78% ~ 18.34%，在试验中忽略含水率差异对抗剪强度的影响，实际干密度为 $1.58g/cm^3$ ~ $1.64g/cm^3$ ，经不同次数干湿循环（$N = 0$、1、2、3、4、5）后直接进行剪切试验。

干湿循环导致土体内部结构发生不可恢复的改变，致使峰值强度和残余强度急剧降低，图 2.54 是不同干湿循环条件下重塑土样的剪应力与剪切位移关系曲线。破坏时的抗剪强度和残余强度分别见表 2.24 和表 2.25。

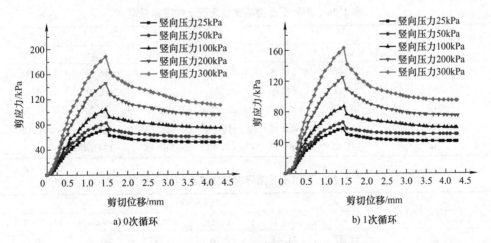

a) 0次循环   b) 1次循环

图 2.54 不同干湿循环次数时剪应力与剪切位移曲线

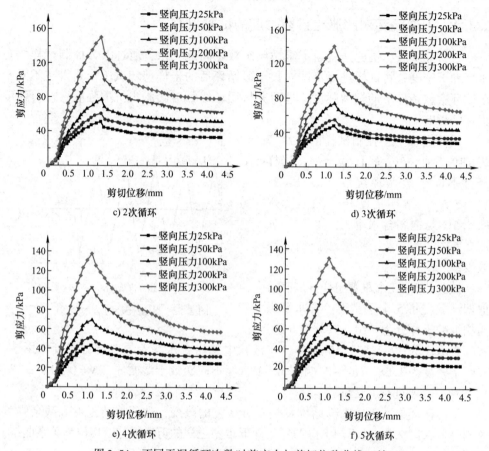

图 2.54 不同干湿循环次数时剪应力与剪切位移曲线（续）

表 2.24 不同干湿循环次数膨胀土的抗剪强度

竖向压力/kPa	抗剪强度/kPa					
	$N=0$	$N=1$	$N=2$	$N=3$	$N=4$	$N=5$
25	72.47	58.13	51.85	48.02	42.98	41.99
50	84.87	64.58	61.27	54.95	51.47	50.85
100	100.29	87.29	76.58	73.89	70.08	67.36
200	146.25	122.12	116.94	103.48	98.78	96.86
300	185.65	163.52	148.10	140.48	134.84	132.46

表 2.25 不同干湿循环次数膨胀土的残余强度

竖向压力/kPa	残余强度/kPa					
	$N=0$	$N=1$	$N=2$	$N=3$	$N=4$	$N=5$
25	51.37	41.47	33.96	28.17	24.61	22.87
50	59.75	50.79	42.60	33.79	31.98	31.32

（续）

竖向压力/kPa	残余强度/kPa					
	$N=0$	$N=1$	$N=2$	$N=3$	$N=4$	$N=5$
100	74.19	59.70	52.36	43.64	39.72	38.55
200	95.67	74.97	63.20	53.01	47.45	45.55
300	110.36	95.01	78.92	65.04	57.37	53.84

图2.55是相同竖向压力下不同干湿循环次数下的强度变化曲线。从图中能够看出，相同竖向应力条件下，伴随着循环级数的逐渐增加，试样的峰值抗剪强度不断减小，且曲线的斜率越来越小。能够看出峰值强度在第1、2次循环后变化最大，随后的3次循环强度虽有减小，但总体呈减小的趋势，最后趋于一个稳定值。当循环级数不断增加，残余强度和峰值强度变化趋势基本一致，且两者的差值越来越大。因此在工程中适当提高竖向荷载有助于提高膨胀土的稳定性。

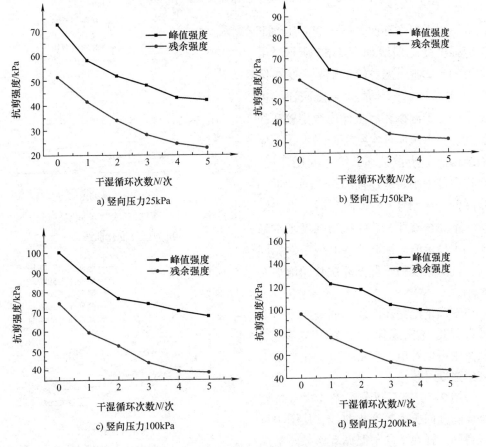

图2.55　抗剪强度与干湿循环次数关系曲线

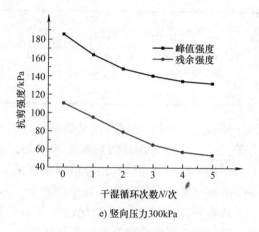

e) 竖向压力300kPa

图2.55　抗剪强度与干湿循环次数关系曲线（续）

不同干湿循环次数不同竖向压力下抗剪强度变化曲线如图2.56所示。由图可知，膨胀土土样的峰值强度在第1、2次循环后，其值大幅度减小，主要原因是干湿循环后土体内产生较宽的裂缝。当干湿循环次数不断增大，土体内结构进一步被破坏，第3次循环后，土样内部细小裂缝逐渐增多，强度进一步降低。在第4、5次循环后，土体结构基本完全破坏，最终抗剪强度基本趋于一个稳定值。因此，在其他条件相同时，抗剪强度随干湿循环次数的增加而减小。

不同干湿循环次数不同竖向压力下残余强度变化规律，如图2.57所示。从图中可以看出，残余强度变化趋势与峰值强度一致。

图2.58是不同干湿循环次数抗剪强度随竖向压力的变化曲线，从图中可以得到土样在不同干湿循环次数时的黏聚力 c 和内摩擦角 φ，见表2.26。

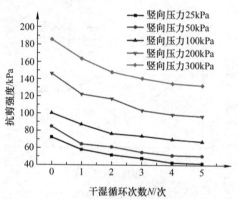

图2.56　不同干湿循环次数不同竖向压力下抗剪强度变化曲线

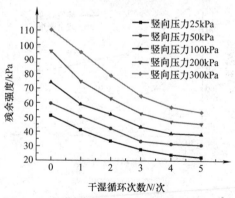

图2.57　不同干湿循环次数不同竖向压力下残余强度变化曲线

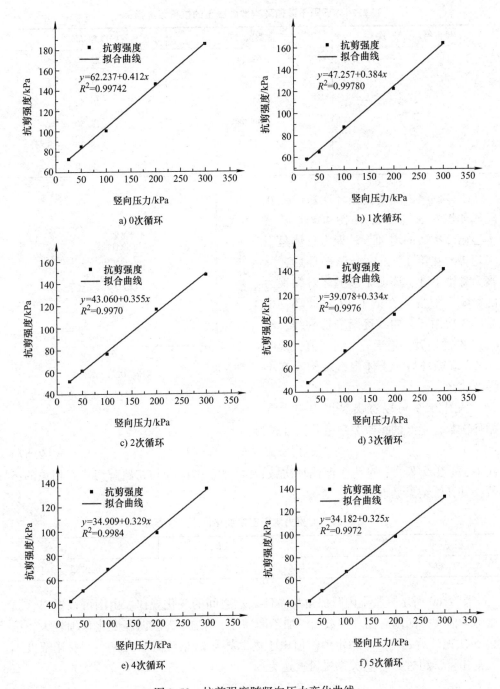

图 2.58　抗剪强度随竖向压力变化曲线

表 2.26　不同干湿循环次数膨胀土的抗剪强度指标

干湿循环次数/次	黏聚力/kPa	内摩擦角/(°)
0	62.24	22.40
1	47.26	21.00
2	43.06	19.50
3	39.08	18.50
4	34.91	18.20
5	34.18	18.00

土体黏聚力随干湿循环次数的变化规律如图 2.59 所示。由图可知：随着干湿循环次数的增加，黏聚力总体呈下降趋势。在第 1、2 次干湿循环后，黏聚力急剧下降，证明干湿循环对黏聚力的影响主要发生在第 1、2 次循环；随后的 3 次循环，曲线逐渐变得平缓，经 4、5 次循环后，趋于一个固定值，说明 5 次干湿循环后，土体内部结构基本不再变化。

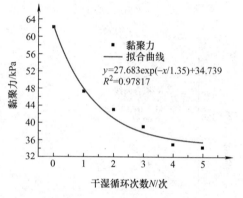

图 2.59　黏聚力随干湿循环次数变化曲线

从图 2.59 可以看出黏聚力与干湿循环次数呈很好的指数关系，其拟合式为

$$c_N = A_N \exp(-N/B_N) + D_N \tag{2.57}$$

式中，c_N 为黏聚力；N 为干湿循环次数；A_N、B_N、D_N 为与初始剪切状态相关的参数，其计算结果见表 2.27。

表 2.27　黏聚力随干密度变化曲线拟合参数

A_N	B_N	D_N	R^2
27.683	1.35	34.739	0.9782

图 2.60 所示膨胀土内摩擦角与循环次数之间的变化规律。由图可以看出，膨胀土的内摩擦角随着循环次数的增加不断减小，第 1、2 次循环变化范围较大，第 4、5 次循环后趋于一个稳定值。但由于内摩擦角的总数值本身较小，变化幅度不大，相差不超过 5°。其关系式可表达为

$$\varphi_N = E_N \exp(-N/F_N) + G_N \tag{2.58}$$

式中，φ_N 为内摩擦角；E_N、F_N、G_N 为与初始剪切状态相关的参数，其计算结果见表 2.28。

表 2.28　内摩擦角随干密度变化曲线拟合参数

E_N	F_N	G_N	R^2
5.026	2	17.577	0.9815

土在增湿膨胀过程中，土颗粒迅速吸水，水的楔入作用和膨胀土自身的膨胀压力作用，导致土颗粒迅速膨胀，将土中的气体排出，气体被排出时对土体结构有冲击作用，从而使土颗粒结合部位或者胶结作用相对薄弱的地方产生裂缝，而且干湿循环幅度越大，土体中空气含量越高，对土体结构冲击作用越大。土体吸湿过程中，裂缝部位的土颗粒吸附的水膜增厚，导致土颗粒间的距离增大，其强度进一步削弱。经过反复干湿循环作用后，土体内产生更多的细

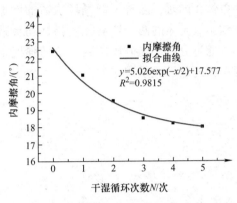

图 2.60　内摩擦角与干湿循环次数关系曲线

小裂隙，大幅度降低了土体的整体性，加剧了强度的衰减。因此，膨胀土的抗剪强度大幅度降低。

将式(2.57)和式(2.58)代入莫尔-库仑抗剪强度公式，可以总结出不同干湿循环次数下膨胀土抗剪强度计算公式

$$\tau_f = [A_N \exp(-N/B_N) + D_N] + \sigma \tan[E_N \exp(-N/F_N) + G_N] \quad (2.59)$$

将式(2.59)化简可得

$$\tau_f = c_N + \sigma \tan\varphi_N \quad (2.60)$$

式中，c_N 为与干湿循环次数相关的黏聚力；φ_N 为与干湿循环次数相关的内摩擦角。

利用式(2.60)可以分析多次自然状态下的干湿循环（雨水浸泡饱和，旱季高温时水分蒸发）后膨胀土的抗剪强度，可以预测该膨胀土的长期抗剪强度。

试验研究了干湿循环情况下非饱和膨胀土的强度特性，结果表明：

1）相同竖向应力条件下，试样的峰值强度随含水率的增大而降低，且曲线的斜率越来越小即降低的幅值越来越小。在含水率较低时，峰值强度与残余强度的差值较大，当含水率不断增大，两者之间的差值逐渐减小。当含水率不断增加，试样的黏聚力和内摩擦角均不断减小，且减小幅值逐渐变小，但含水率对黏聚力的影响明显大于内摩擦角。通过分析含水率对抗剪强度指标的影响，可以得到抗剪强度与含水率的函数关系式。

2）当干密度相同时，随着竖向压力的增大，峰值强度明显增加，且随着竖向压力增大的幅度越来越大。提高干密度可以使膨胀土试样的峰值强度和残余强度

得到显著提高，且随着干密度越来越靠近最佳干密度增长的幅值越来越大，但残余强度的增长速率小于峰值强度。

3）相同竖向应力条件下，伴随着循环次数的逐渐增加，试样的峰值强度和残余强度不断减小，且减小的幅度值越来越小，而且两者的差值越来越大。土样其他条件相同时，随着干湿循环次数的增加，抗剪强度显著降低，且减小的幅值越来越小。土体的两个抗剪强度指标均会减小，且黏聚力和内摩擦角的变化趋势相同。通过分析干湿循环次数对抗剪强度指标的影响，可以得到抗剪强度与干湿循环次数的数学关系式。

第3章

水–应力作用下膨胀土微细观– 宏观物理力学特性研究

现代土力学研究中一个带有根本性的事件，是把土质结构的微-细观研究与宏观力学特性结合（土质学与土力学在更深更细层次上的结合）。它使人们不再把土作为一个简单的宏观体，而是把它作为一个具有复杂力学、化学特性的结构体。把微细观结构的特性与细粒土的双电层理论和收缩膜理论相结合，解释了一系列关于土质结构发生和发展的机理。谢定义[199]认为微观结构分析试验与宏观力学特性试验的结合，将为创立岩土结构性指标和结构性模型方面做出有力的贡献。工程中遇到的土体大多为非饱和土，而膨胀土就是典型的非饱和土体。非饱和土是固—液—气三相复合介质，是20世纪90年代以来国际学术界关注的热点之一。本章从土体的微观结构出发，基于土体微观结构土颗粒之间的物理化学作用力，采用非饱和土抗剪强度理论，尝试建立起微细观土体性质与宏观土体性质之间的联系，从而揭示水-应力耦合作用引起膨胀性土体渐进损伤破坏过程的本质。

3.1 土体微细观结构中土颗粒间的物理化学作用

3.1.1 双电层静电斥力

固体表面暴露在溶液中后，静电引力会吸引该溶液中带相反电荷的离子。离子向固体表面靠拢后聚集在距两相界面一定距离的溶液一侧的界面内，以补偿其电荷平衡，黏土颗粒表面一般带有负电荷，处于电解液中的土粒双电层内，分布着阳离子和阴离子。因此，粒子间存在着静电斥力。

假定系统中的离子是点电荷，土粒表面的吸附电荷是均匀分布的且电位较小，则在 Γ 边界的二维空间 Ω 内，电位 Ψ 的空间分布由 Poisson 方程控制，则

$$\frac{\partial^2 \psi}{\partial x^2} + \frac{\partial^2 \psi}{\partial y^2} = -\frac{4\pi\rho}{\varepsilon} \tag{3.1}$$

式中，ρ 为电荷密度；x、y 为笛卡儿坐标。

当电位较小时，任何一点的阴阳离子浓度 n_- 和 n_+，可借助 Boltzmann 方程

求得

$$n_- = n\exp\left(\frac{ve\psi}{kT}\right) \tag{3.2}$$

$$n_+ = n\exp\left(-\frac{ve\psi}{kT}\right) \tag{3.3}$$

式中，e、k、T 分别为单位电荷、Boltzmann 常数和绝对温度。

电荷密度与电势之间的关系可以用以下方程来表述

$$\rho = ve(n_+ - n_-) = -2nve\sinh\left(\frac{ve\psi}{kT}\right) \tag{3.4}$$

将式(3.4)代入式(3.1)可得

$$\frac{\partial^2\psi}{\partial x^2} + \frac{\partial^2\psi}{\partial y^2} = -\frac{8\pi nve}{\varepsilon}\sinh\left(\frac{ve\psi}{kT}\right) \tag{3.5}$$

边界条件为

$$\psi = \widehat{\psi} \tag{3.6}$$

$$\frac{\partial\psi}{\partial s} = \widehat{q}_s \tag{3.7}$$

式中，$\Gamma = \Gamma_\psi + \Gamma_q$，$\widehat{\psi}$ 为 Γ_ψ 上的特定值，$\widehat{q}_s$ 为与 s 有关的 ψ 梯度，而 s 为 Γ_q 的法向单位矢量。

两个无限长平行粒子 Coulomb 斥力的解析解已经得出。单位长度上的斥力为

$$F_\infty^R = 2nkKT\left[\cosh\left(\frac{ve\psi}{kT}\right) - 1\right] \tag{3.8}$$

由静电力学知识可知，在电层中平面上的电势为

$$\psi_1 = \psi(h/2) \tag{3.9}$$

式中，h 为两电板之间的距离，和电势与平面距离 $h(\mathrm{m})$、体积内的电解液浓度 c_0（$\mathrm{mol/m^3}$）有关。

Langmuir（1938）提出了静电斥力的计算公式

$$\prod_e(h) = 2RTC_0(\cosh Y_1 - 1) \tag{3.10}$$

$$Y_1 = \frac{-ze\psi_1}{kT} \tag{3.11}$$

式中，R 为气体常数，$R = 8.3154\ \mathrm{J \cdot mol^{-1} \cdot K^{-1}}$；$T$ 为绝对温度；z 为有正负号之分的离子化合价；e 为元素电荷，$e = 1.60218 \times 10^{-19}\mathrm{C}$；$k$ 为 Boltzmann 常数，$k = 1.38066 \times 10^{-23}$；$\psi_1$ 由式(3.9)确定；Y_1 代表离子静电力和热力的平衡。

3.1.2 范德华力

范德华力是分子间的吸引力，其大小取决于分子间的介质和间距。1873 年范

德华在他的博士论文中提出了著名的气体状态方程（$Pv = nRT$），London（1930）提出了在真空中相距为 r 的两个单位分子与这种力相关的能量方程：

$$u(r) = -\frac{B}{r^6} \tag{3.12}$$

式中，B 为 London 常数。

黏土颗粒尺寸在纳米级，是一个由许多分子群集的宏观体。根据 Hamaker 和 de Boer，宏观体间的能量和作用力可以通过将所有单个分子对间的作用力求和得到。因此，真空中两个体积为 V_1 和 V_2 的宏观体间的范德华力可通过积分得到

$$U = \int_{\Omega_1} \int_{\Omega_2} \rho_1 \rho_2 u \mathrm{d}\Omega_1 \mathrm{d}\Omega_2 \tag{3.13}$$

式中，ρ_1、ρ_2 为物体 1 和 2 的分子密度。

London 方程主要适用于气体这样的稀薄物体。对密集的固体材料，方程（3.12）中的能量随着距离迅速衰减，称为阻滞效应。Anandarajah 和 chen（1995）提出了考虑阻滞效应的修正 London 方程

$$u(r) = -\frac{Bc}{r^6(r + c)} \tag{3.14}$$

式中，$c = b\lambda/2\pi$；$b = 3.1$；λ 为相互作用的特征波长。

考虑黏土颗粒之间空隙的液体，取

$$\prod_{\mathrm{m}}(h) = \frac{A_{\mathrm{SSl}}}{6\pi h^3} \tag{3.15}$$

式中，A_{SSl} 为 Hamaker 常数，取 $A_{\mathrm{SSl}} = (-2 \sim -5) \times 10^{-20}\mathrm{J}$。

3.1.3 水合作用力

1991 年 Israelachvili[200] 及 Murray[201] 通过实验证明了黏土矿物表面间较小的空间内被水吸附且其间存在排斥力。Churaev[202] 及 Murray[203] 提出：这种排斥力应该是水合作用排斥力和结构排斥力。1987 年 Derjaguin[203] 等通过实验证明了这种排斥力是由黏土矿物表面的氢基群产生的，1991 年 Israelachvili 进一步证明了黏土矿物表面是由氢基网状结构组成的。Paunov[204] 等发现水合排斥力能够影响改变 DDL 的带相反电荷的离子的有限尺度和电介质的电容率。亲水黏土矿物表面间水合作用的排斥作用可以用经验公式表达为

$$\prod_{\mathrm{h}}(h) = k_{\mathrm{h}} e^{-h/\lambda} \tag{3.16}$$

式中，$\lambda \approx 0.6 \sim 2\mathrm{nm}$，对于膨胀土，通常取 $\lambda = 1\mathrm{nm}$（Churaev 和 Sobolev，1995）；$k_{\mathrm{h}} \approx 3 \sim 30 \times 10^6 \mathrm{J/m^3}$（Israelachvili，1991）。

3.2 膨胀土体微细观–宏观强度理论研究

3.2.1 黏土颗粒间物化作用力

为了量化黏土的膨胀现象，特别是吸收水分子层的膨胀晶体 [Quirk (1986)[205]] 和临近的分散双电层相互作用导致的渗透现象。Verwey 和 Over beek (1948)[206]提出了标准的双电层模型（DDL），称为 DLVO 模型。Israelachvili (1991) 对 Poisson‐Boltzmann 方程进行了较深入的讨论。Markus Tuller (2003)[67] 根据 DLVO 模型建立了孔隙空间变化的模型，该模型考虑黏土黏聚体的层状结构、黏土类型和溶液化学的因素（包含物理化学、静水压力、动水压力过程的框架），用于预测膨胀、多孔介质的水力关系。

带电黏土表面和水溶液可以在 DLVO 理论上，通过分散力（基本的热动力学特性）建立联系。在平衡条件下，分散力（Π）由三部分组成：双电层的静电斥力（Π_e），水化作用力（Π_h），范德华力（Π_m）（Markus Tuller，2003）。在 DDL 层附近重叠的部分，可提高静电斥力（Derjaguin 等，1987）。

由受力平衡可知，式(3.10)、式(3.15)、式(3.16)中三种斥力与双电层间溶液单位体积的化学势力平衡，故得

$$\mu = \frac{1}{\rho} \left[\Pi_m(h) + \Pi_e(h) + \Pi_h(h) \right] \tag{3.17}$$

式中，ρ 是水的密度（在 293K 下 $\rho = 1000 kg/m^3$）。

从 1990 年 Adamson 提出的 Kelvin 方程可以看出，斥力与溶液单位体积的化学势力 μ 有关。式(3.14)给出了计算水或化学作用下黏土矿物层间的空隙距离 h 改变的平衡方程的基本原理。

3.2.2 微细观几何模型的建立

对膨胀土扫描电镜试验研究发现，其细观结构与六角形"蜂窝"孔隙空间相似。图 3.1 是对膨胀性土体的微观扫描图片，图 3.2 为蜂巢的剖面图，从图中可以看出它们在结构上是相似的。采用式(3.17)的分析方法，相邻两个薄片间的距离 $h(\mu)$ 是化学势能 μ 的体积函数。定义不同黏土矿物的单个胶质面层的黏土薄片数为 n，每个黏土薄片的厚度是 t，长度是 L_1、L_2。假定在下面的研究中这些参数是不变的。Tessier (1990)[207] 和 Quirk (1986) 指出，对于蒙脱石和蛭石，每一个类晶团聚体含有大约 20～50 个薄层，薄层的长度为 1000～2000 Å，厚度为 9.5～10 Å。本文试验表明，膨胀性土体团聚体的单片厚度约为 10 Å，叠聚体单片长 1～2μm，宽度一般为 2～5μm，片层之间的典型间距为 0.1～0.5μm。

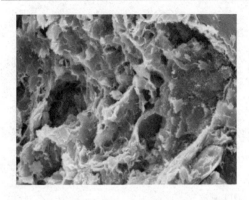

图 3.1　广州典型红层的微观扫描图片（2660 倍）　　　图 3.2　蜂巢剖面

黏土矿物中存在大量的微观空隙，进一步放大观察这些微观空隙发现这些空隙又是由许多的薄层叠聚体组成的。该类型膨胀土遇水发生体积膨胀，理论上应该是水使叠聚体层层间距离变大，进而使微观空隙变大，最后致使整个土体的体积变大。图 3.3 是对广东典型红层放大 9440 倍的微观扫描图片。图 3.4 为叠聚体的理想化模型。

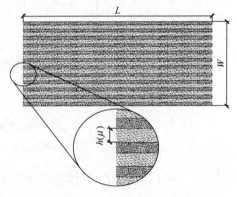

图 3.3　广州典型红层的微观扫描图片（9440 倍）　　　图 3.4　叠聚体的理想化模型

为了能更好地从微观尺度来解释土体的膨胀性，建立了单个的膨胀土微观结构体。如图 3.5 所示。采用由这种基本结构单元组成的黏土矿物微观结构模型是合理的，因为这种排列结构不仅比想象的薄片呈面—面排列的黏土颗粒能吸纳更多体积的水，而且可以更好地反映团聚体的不等长度。同时，Tuller 发现这种微观结构也能随着化学势能和电荷类型的变化而改变它的形状和大小。

一个微观孔隙的大小用函数 $x(\mu)$ 来表示，$x(\mu)$ 的变化由叠聚体的长度 L 和一个叠聚体的面层数常数 n 来界定。$x(\mu)$ 与面层间距离 $h(\mu)$ 的关系由下式表示

$$x(\mu) = X^* + h(\mu)\omega \tag{3.18}$$

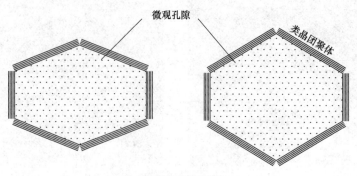

a) 干湿情况的结构胀缩

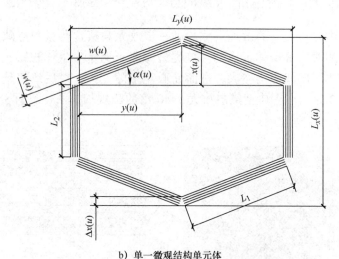

b) 单一微观结构单元体

图 3.5 广州红层黏土理想化的微观结构模型

式中，X^* 为 x 在 $\mu \to \mu^*$ 时的最小值；ω 由已经选定的几何关系来确定：

$$\omega \leqslant \frac{\sin 45°L - X^*}{h_{\max}} \tag{3.19}$$

也就是说对一个平行六面体来说，孔隙的最大夹角是 $\alpha(\mu) = 45°$。$h_{\max}$ 是饱和状态下的面层间的最大距离。当 $\mu^* = -100\mathrm{J/kg}$ 时，$X^* = h(\mu^*)/2$ 的值相当于最小角度为 20° 时的情况，这种分析符合试验观察到的结果 (Tessier, 1990)。

一个网格单元所有垂直方向的膨胀 $L_x(\mu)$（图 3.5b）与体积化学势能之间的关系为

$$L_x(\mu) = 2[(x(\mu) + \Delta x(\mu)] + L_2(\mu)$$
$$= 2\left\{[X^* + h(\mu)\omega] + W(\mu)\cos\arcsin\left[\frac{X^* + h(\mu)\omega}{L_1}\right]\right\} + L_2(\mu) \tag{3.20}$$

式中，$W(\mu)$ 为 叠聚体的宽度；$L_2(\mu)$ 为 短边叠聚体的长度。

一个网格单元所有水平方向的膨胀 $L_y(\mu)$ 的计算式为

$$
\begin{aligned}
L_y(\mu) &= 2[y(\mu) + W(\mu)] \\
&= 2\{\sqrt{L_1^2 - [X^* + h(\mu)\omega]^2} + W(\mu)\}
\end{aligned}
\tag{3.21}
$$

将单一微观几何模型连在一起时，其几何模型如图 3.6 所示。当用长 $L_x(\mu)$ 、宽 $L_y(\mu)$ 的基本单元组合成一个六面体时，可以近似用一个矩形的微观结构研究水合作用下红层土体损伤演化过程。在这里还需引进一个新的变量 $\xi(\mu)$ 来表示孔隙比 e

$$
e = \xi(\mu) = \frac{L_x(\mu)L_y(\mu) - 2nt(2L_1 + L_2)}{2nt(2L_1 + L_2)}
\tag{3.22}
$$

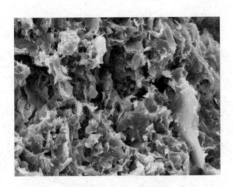

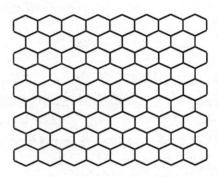

a) 膨胀土体电镜扫描图像　　　　　　　　b) 微观结构模型的组合

图 3.6　膨胀性土体理想化的微观结构组合模型

3.2.3　微细观几何模型与宏观强度关系研究

Warkentin（1957）[208]等和 Low（1980）[209]的测试结果很好地验证了式(3.17)。图 3.7 为测试结果与计算结果的比较图。

从图 3.7 中可以看出，物化势随着团聚体层间距离的增大而减小，当层间距离超过 4×10^{-8} m 时，物化势曲线变成水平线，并接近于 0。通过微观模型可以看出，随着含水率的增大，团聚体层间的距离变大，从而使得土体的物化势减小。因此可以得出这样的结论：含水率的增大引起了物化势的减小。

通过分析发现，土体物化势 P 、土体密度 ρ 、含水率 w 和土体结构势力 p 之间存在一定的关系。可以用下式来表示

$$
f(P, \rho, w, p) = 0
\tag{3.23}
$$

经量纲分析后，可以得出土体结构势力与物化势、土体密度和含水率之间的关系为

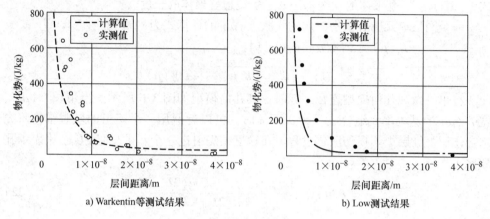

a) Warkentin等测试结果　　　　b) Low测试结果

图3.7　测试结果与计算结果比较

$$p = m\frac{P\rho}{w^n} \qquad (3.24)$$

式中，P 为土体的物化势，$P = \mu$，由式(3.17)确定；m 与土体的微观结构形状、尺寸有关；n 为与土体微观结构连通性有关的参数。

从式(3.24)可以看出，土体结构势力随着物化势的增大而增大；随着土体密度的增大而增大；随着土体含水率的增大而减小。式中 m、n 的数值还需要通过进一步的试验确定。

由此得出了直接考虑土体结构势力的土体抗剪强度公式

$$\tau_f = c + (\sigma - u_a)\tan\phi' + p\tan\phi' \qquad (3.25)$$

式中，τ_f 为非饱和土的极限抗剪强度；c 为土的有效黏聚力；u_a 为孔隙气压力；σ 为破坏时破坏面上的法向总应力；p 为土体结构势力，由式(3.24)确定；ϕ' 为有效内摩擦角。

从式(3.25)可以看出，土体微观结构上的物化势，在土体的抗剪强度公式上得到了应用，从而建立了土体微观—宏观跨层次的理论研究。土体微观结构的物化势，在宏观层次上可反映为土体结构势力。由于土体的结构势力与物化势、土体密度、含水率有关，因此从理论上说明了它与抗剪强度之间的关系非线性。另外，微观结构模型的建立，为黏性土体的固结特性、渗气性、渗水性等研究起到一定的指导作用。

3.2.4　基于微观结构模型的膨胀性土体孔隙比计算

对膨胀性红黏土的物理力学性质进行室内试验分析，结果表明：该类膨胀土随着含水率从13.2%升到40.7%，内摩擦角从40.6°降至0.9°，黏聚力按照Gaussian函数从8.9 kPa升至51.5kPa，再降至7.4kPa，其拐点发生在含水率21.9%附近。该类土体侧限抗剪强度为 150 ~ 450 kPa，土体饱水含水率在 65% 左右，自由膨胀率可达 40%。其他物理特性见表 3.1。

表 3.1　膨胀性土体的物理力学性指标

含水率 $w(\%)$	相对密度 G_s	孔隙比 e	液限 $w_1(\%)$	塑性指数 $I_p(\%)$	液性指数 I_L	饱和含水率 $w(\%)$	饱和孔隙比 e	自由膨胀率 δ_{ef}
22	2.73	0.92	29.5	11.6	0.35	62	1.70	40%

　　该类土体的微观结构如图 3.6 所示。从图中可以得知：土体以片状和扁平状黏土颗粒相互集聚形成的层状微集聚体为主，土体微观结构中有较大的孔隙。表面化学活性水溶液对土体表面有较大的亲和力，能自动地渗入到微细裂纹并向深处扩展，不仅产生劈裂作用，而且防止新裂缝愈合或土颗粒黏聚，此过程中水化学性起着重要的作用。黏聚力随着含水率的增加先增加后减小的特点可以这样解释：土体微观结构的作用力主要有双电层的静电斥力、水化作用力、范德华力，土体的黏聚力与土体叠聚体之间的物理化学作用力有关。当红黏土中的含水率很低时，土体叠聚体之间的黏聚力主要依靠土体叠聚体之间的范德华力和双电层静电斥力，而水合作用力较小。随着含水率的增加，微观结构孔隙慢慢变大，水合作用力迅速增加，从而增加了土体的黏聚力。随着含水率的继续增加，微观结构叠聚体之间的孔隙也继续增大，同时使得叠聚体之间的相对位置发生改变，当孔隙增大到一定程度时（以本文试验结果为例，指含水率达到 21.9% 时的孔隙比），水合作用力、范德华力、静电斥力会相应减小，从而引起土体宏观黏聚力的减小。这正是土体黏聚力随着含水率的增加，按照 Gaussian 函数先增加后减小的原因。从现有的研究成果看，利用图 3.5 所示的微观结构模型，基本上可以解释该类膨胀性土体的一些特殊工程性能的产生机理。

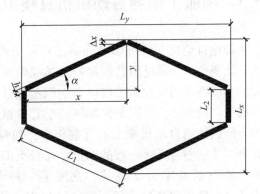

图 3.8　膨胀性土体理想化的细观结构模型

　　基于建立的微观模型，如果达到饱和状态，可认为此单元体包括的面积 S 最大。由图 3.8 可知

$$S = 2L_1^2 \sin\alpha\cos\alpha + 2L_1 L_2 \cos\alpha \tag{3.26}$$

式中，L_1、L_2 均由微观实验分析获得。

　　按式（3.26），可计算获得最大 S 时 α 的数值

$$\alpha = \arcsin\left[\frac{-L_2 + \sqrt{L_2^2 + 8L_1^2}}{4L_1}\right] \tag{3.27}$$

由图 3.8 可知

$$L_x = 2L_1\sin\alpha + L_2 + 2\Delta x = 2L_1\sin\alpha + L_2 + 2h\cos\alpha \quad (3.28)$$

$$L_y = 2L_1\cos\alpha + 2h \quad (3.29)$$

将单一微观几何模型连在一起时,其几何模型如图 3.6 所示。当用长 L_x、宽 L_y 的基本单元组合成一个六面体时,可以近似用一个矩形来求解孔隙比。所以,土体的孔隙比为

$$e = \frac{L_x L_y - 2h(2L_1 + L_2)}{2h(2L_1 + L_2)} \quad (3.30)$$

试验中发现土体微观单元薄层的厚度约 $0.8\ \mu m$,叠聚体单片长 $1\sim2\mu m$,片层之间的典型间距 $0.1\sim0.5\mu m$。所以,当 $h = 0.8\mu m$、$L_1 = 1\mu m$、$L_2 = 0.2\mu m$ 时,将 L_1、L_2 代入式(3.27)可得 $\alpha = 41°$,则

$$e = \frac{L_x L_y - 2h(2L_1 + L_2)}{2h(2L_1 + L_2)} = \frac{9.82 \times 10^{-12} - 3.52 \times 10^{-12}}{3.52 \times 10^{-12}} = 1.79$$

根据该类土体微观结构的薄层厚度、叠聚体单片长、片层之间的间距,基于该计算模型,可得到土体孔隙比在 $1.62\sim1.80$。计算结果与表 3.1 实测结果($e = 1.70$)基本相符,表明土体饱水后发生体积膨胀,叠聚体层层间距离变大,进而使微观空隙变大。这与前文的分析结果一致。说明本文建立的微观模型有一定的合理性。

3.3 膨胀土细胞自动机仿真模拟

细胞自动机(Cellular Automata)最早由 Von Neumann[210] 提出,是一种在随机初始条件下,通过构造简单的数学规则来描述离散动力系统内部单元之间因强烈的非线性作用导致系统整体自组织演化过程的一种数学模型。该方法提出以后引起了广泛关注,不同研究领域的学者根据本领域被研究对象的实际特点,构造出不同的细胞自动机模型。近些年来,细胞自动机理论被引入到地震研究领域,并得到了一些与实际一致的结论。在岩土工程领域方面,周辉等基于能量守恒定律和岩石的基本力学性质,发展了一种用于模拟岩石非线性破坏演化的新方法——物理细胞自动机(PCA)模型。该模型通过岩石内部(或细观)基元(或细胞)间简单的随机相互作用的综合结果来反映岩石系统整体的稳定宏观力学现象。细胞自动机是以大量简单元件通过简单的连接和简单的局部运算规则,模拟丰富而复杂的自然现象。从前文对红层微细观研究成果分析可知,该模型用于具有时空离散性和演化规则局部性的广州典型红层岩土的水致膨胀过程的模拟理论上是可行的。

从前述膨胀土的微结构特征出发建立模型,可认为典型膨胀土体都是由简单

的六边形组元构成的。在细胞自动机模型中，用一些简单的初始值和简单的状态转换规则来描述膨胀性土体的动态变化，每一细胞单元有几个状态变量，即土的密度、含水率、各主要成分含量和膨胀方向，基于重正化思想，研究随时间演化的复杂动力学过程，再现其水致渐进损伤演化特性，并通过计算机编程实现应力耦合下的水致渐进损伤破坏过程的细胞自动机模型模拟。

3.3.1　细胞自动机的基本规则

基于细胞自动机的膨胀性土体宏细观模型研究，可认为红层土体都是由简单的六边形组元构成的。组元虽然很简单，它们的组合形态和系统行为却非常复杂，甚至可以产生无法预测的延伸、变形等复杂形式，以至于不能简单地化为某种数学描述，在下述细胞自动机模型中，将用一些简单的初始值和简单的状态转换规则来描述红层土体的动态变化。建立细胞自动机的基本原则如下：

1）根据膨胀性土体具有空间离散性非均质细观结构和演化规则局部性的特点，将所研究的岩土区域划分成 $M \times N$ 个单元，每个六边形单元为一个元胞，则一定量的元胞单元可以有效地模拟岩土体材料的细观结构。任意元胞的位置为 (x_i, y_j)（$i = 1, 2, \cdots, M; j = 1, 2, \cdots, N$），$PZ(x_i, y_j, t)$ 为元胞 t 时刻的膨胀量，用 $PZPH(x_i, y_j, t)$ 为 t 时刻某一元胞的破坏。

2）为体现土体材料细观的非均质性和各向异性。按正态分布设置 $t = 0$ 时刻元胞的初始膨胀量 $PZ(x_i, y_j, 0)$。每一个元胞按照一定的概率 $P(i)$ 进行膨胀，$P(i)$ 中 $i = 1 \sim 4$，代表上、下、左、右四个方向，四个方向上的 $P(i)$ 一般是互不相同的，且 $\sum_{i=1}^{4} P(i) = 1$。

3）土体含水率不同，其膨胀大小也不一样，因此引入考虑含水率影响因素的膨胀系数 $C(w, t)$，该系数是一个随时间 t 变化的函数；模型中应输入绝对温度 T、土体叠聚体之间的距离 h、土颗粒之间溶液浓度 C_0 等参数。

4）具体实施时，在每个时步 t 内随机地选择元胞 (x_i, y_j)，按规则将该时步 t 内的膨胀量 $PZ(x_i, y_j, t)$ 和元胞空间方位输入给该元胞，采用的规则与典型红层水致膨胀过程膨胀趋势对应。

5）对划分区域内的所有元胞 t 时步内的膨胀量进行叠加，得第 t 个时步内所有元胞的膨胀量，$PZT(t) = \sum_{t=0}^{t} \sum_{i=1}^{i} \sum_{j=1}^{j} PZ(x_i, y_j, t)$。将 $0 \sim t$ 时刻所有膨胀量叠加就可以得出总的膨胀量，据此可以求出经历了 t 个时步后该时刻典型红层的膨胀率。

6）基于膨胀试验的结果，结合国内外同类试验，以一个限制条件作为时步的终止条件，即当第 t 个时步内元胞总的膨胀量 $PZT(t) = \sum\limits_{t=0}^{t} \sum\limits_{i=1}^{i} \sum\limits_{j=1}^{j} PZ(x_i, y_j, t) \leqslant PZT_t/2000$ 时，认为元胞不再发生显著膨胀，即土体已不再具有膨胀潜势，膨胀已经终止，也就是下一时步的 $PZ(t+1) = 0$。

7）按照上述规则进行演化，可以得到每个时步每个元胞的具体位置和水致膨胀率。因此就可以用细胞自动机来形象逼真地模拟土体的细–宏观水致膨胀过程。

采用上述模型规则，土体宏细观模型程序可以模拟土体膨胀过程和受压变形过程。如图 3.9 所示。

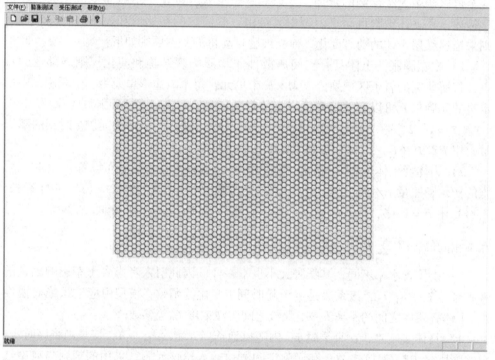

图 3.9 广州复杂红层宏细观模型程序界面

3.3.2 膨胀模型

采用如下参数作为计算参数：含水率 w、绝对温度 T、土体叠聚体之间的距离 h、土颗粒之间溶液浓度 C_0、土体膨胀参数 k。计算参数界面如图 3.10 所示。应用时，先输入计算参数、模型的大小和微观结构体的大小，然后设定时步，进行计算。

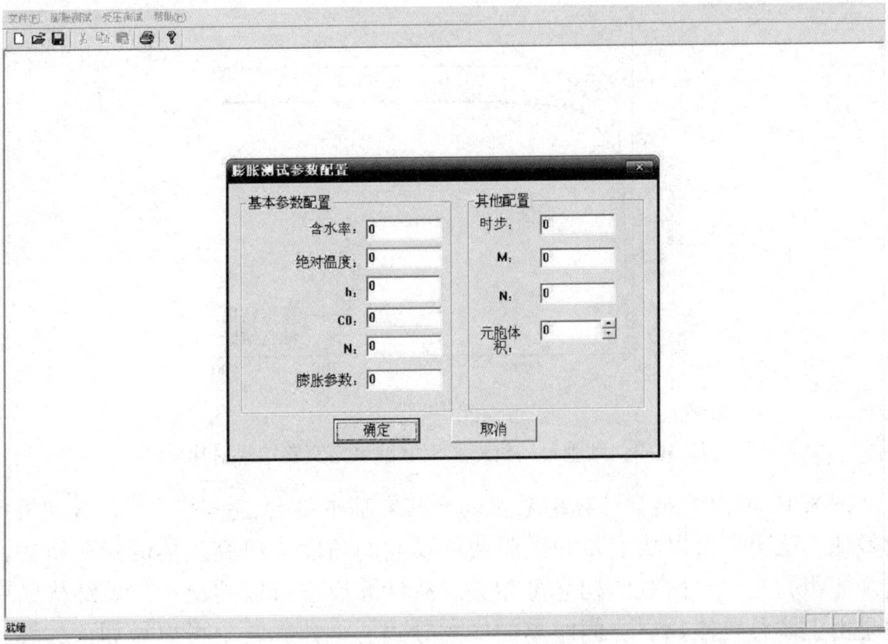

图 3.10 膨胀模型参数输入界面

根据试验结果，研究土体含水率为 13% 时水致膨胀过程中其空间构型随时间演化的全过程，如图 3.11 所示。图 3.12 为细胞自动机计算结果和试验结果的比较。

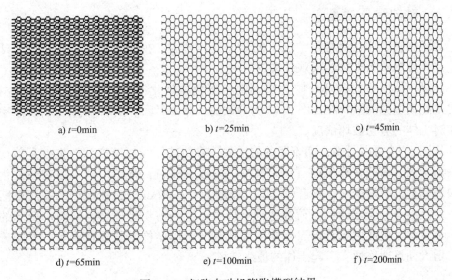

a) t=0min   b) t=25min   c) t=45min

d) t=65min   e) t=100min   f) t=200min

图 3.11 细胞自动机膨胀模型结果

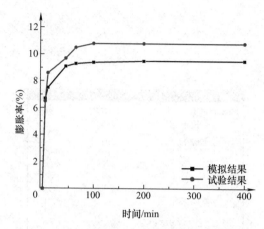

图 3.12　细胞自动机膨胀模型结果与实验结果对比

从图 3.12 可以看出，计算结果和试验结果基本吻合，证明了细胞自动机模型的有效性。该模型可以从宏观和微观两种不同的角度来研究土体的膨胀行为，土体宏观体积的变化与微观结构息息相关。从计算模型可以看出，微观结构的变化主要是由土体叠聚体片层之间距离的增大导致的。计算结果可以做如下解释：从土体的能谱扫描电镜和 CT 试验结果发现，土体中有大量的微孔隙、裂隙和少量的孔洞，水流在微观孔隙水压的作用下，逐渐渗入土体内部，增加了土体叠聚体之间的物化势，为保持微观结构的稳定，叠聚体之间距离逐渐变大，表现为模型中六边形面积的增大。

3.3.3　轴向受压模型

为了反映土体在无侧限情况下的轴向受压情况，模型考虑了微观—宏观计算理论，计算参数为土体的微观参数。

计算土体网格的破坏反映为单元网格颜色的变化，不能显示出相应的位移，这也是此模型的局限所在。图 3.13 为参数输入命令界面。图 3.14 所示为含水率为13% 时土体的剪切破坏情况。

从图 3.14 可以得知，随着荷载的增大，剪切破坏线逐渐变深，也就是剪切位移逐渐增大。荷载在峰值前（$p = 5\text{MPa}$，$p = 6.5\text{MPa}$），从图中看不出剪切破化带上裂隙颜色的明显变深；随着荷载的继续增大（$p = 9\text{MPa}$），模型中的裂纹逐渐扩展，但还没有完全连通；当荷载达到峰值时，整条剪切带连通，即图中所示的颜色全部变深。由此可以看出，土体的破坏是从土体结构的软弱面开始，并随着荷载的增大而迅速连通，引起土体的最终破坏。

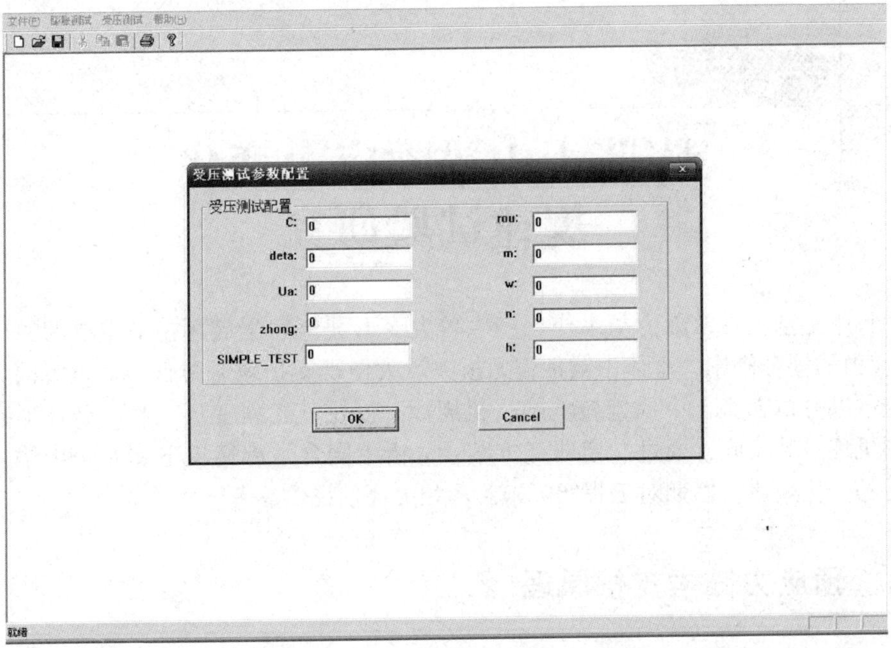

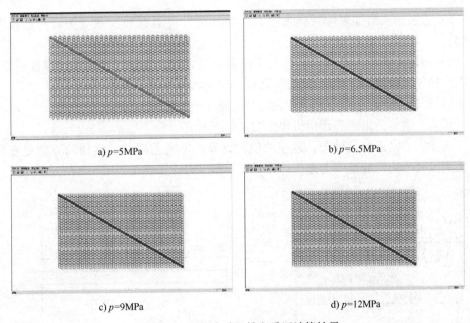

图 3.13 轴向受压模型参数输入界面

a) p=5MPa

b) p=6.5MPa

c) p=9MPa

d) p=12MPa

图 3.14 细胞自动机轴向受压计算结果

第4章

膨胀土中锚索应力变化
规律试验研究

膨胀土基坑常常因为雨水作用产生较大变形甚至发生破坏，最主要的原因是水-应力的耦合作用，土体中锚杆应力损失过大使得支护效果降低。通过室内力学试验可以分析膨胀土中锚索应力的变化规律，以及其工程变形过程、破坏形态和变形机理。基于此，通过制定研究方案，分析不同含水率情况下膨胀土中锚索预应力的变化规律，以期对工程实际施工和相关评估提供参考。

4.1 预应力锚索支护原理

工程中常用的预应力锚索由锚头、锚固段和自由段三部分组成。各部分作用如下：

1）通过锚头给锚索体系施加应力，并且可以将锚索和其他支护结构连接在一起。

2）通过锚固段可以将锚固体与土体黏结到一起，在锚固区域构成锚固系统，锚索中的应力极限值往往由锚固段的设计情况确定。

3）通过自由段可以将锚索中应力均匀地传到土体中。

预应力锚索的组成和作用机理如图4.1所示。

在预应力锚索的设计中，预应力值的计算是非常重要的，常用的方法是在假设锚固段剪力均匀的基础上进行计算。锚索预应力计算简图如图4.2所示。

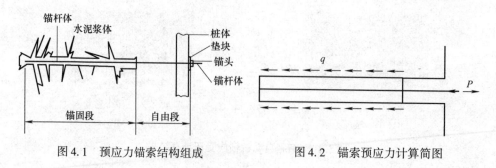

图 4.1　预应力锚索结构组成　　　　图 4.2　锚索预应力计算简图

　　预应力锚索的主体一般是一根或者多根钢绞线，锚索中的极限应力值决定因素有三个：第一，锚索材料本身的抗拉强度，即锚索材料钢筋或钢绞线的抗拉强度；第二，锚固段钢筋和水泥砂浆的黏结力；第三，锚索锚固体与锚固区域土体的黏结强度。三个影响因素都直接决定预应力锚索的支护有效性。实践证明，三个因素中往往是最弱的环节起控制作用，三个影响因素中锚固体与锚固区域土体的黏结力与另外两个因素相比往往较弱，所以往往作为锚索极限应力值的控制因素。

　　通过高压注浆手段形成的锚索的承载力 P 的计算表达式为

$$P = \pi LDq \tag{4.1}$$

锚索的锚固段长度 L 的计算公式为

$$L = \frac{kP}{\pi Dq} \tag{4.2}$$

式中，k 为安全系数。

　　锚索截面面积 A 的计算公式为

$$A = \frac{kP}{f_{ptk}} \tag{4.3}$$

式中，P 为工程设计中的锚索拉力值；f_{ptk} 为钢丝、钢绞线、钢筋强度标准值。

　　预应力锚索可以对所锚固的土体提前施加应力，提前施加的应力可以抑制土体在重力作用下发生的变形，这也是预应力锚索与其他支护结构的主要区别。另一方面，预应力锚索对于锚固土体来说相当于加筋，故可以增加锚固土体的强度，改善土体的性能，使得土体和支护结构形成复合体，这个复合体可以更有效地抵抗剪力和拉压力，并能增加滑移面的抗剪强度，强有力地阻止坡体滑移，这些优点往往都不是一般的被动支护结构所具有的。

　　预应力锚索的支护问题一向是土木工程领域的研究热点，随着国内外学者的不断研究和实践，目前已经有很多创造性的研究成果。其中比较有效的支护结构的支护作用机理有下面几种：

　　1）强度低、裂缝多的岩土体往往容易发生滑落或者滑坡，预应力锚索可以将不稳定的土体与深处强度较高的土体串联在一起，锚索、不稳定土体和深层稳定的土体形成一个复合体共同发挥作用抵抗变形，这种悬吊作用往往针对的是稳定性较差的土体。

　　2）对于水平的或倾角较小的层状岩体，用预应力锚索可以把层状岩体串联到一起，在竖向压力的作用下层状岩体各层之间的摩擦力大大增加，使层状岩体的稳定性大幅增加，更有效地阻止岩体的水平错移，从力学角度来看类似形成"组合梁"。

　　3）在软弱岩体中进行开挖会使岩土体向临空方向产生位移，但锚索与岩土体的锚固力向岩土体施加轴向应力可以增加岩土体强度，并且能使得岩土体中的应力重新分配至更合理的平衡状态，增强岩土体的稳定性。

4) 在裂隙较多的岩土体中预应力锚索可以将众多不连续岩体缝缀起来, 使得裂隙众多的岩土体整体性更强, 性能和强度得到显著提升。

4.2 锚索预应力值瞬时损失的影响因素分析

4.2.1 张拉过程中影响因素分析

在张拉过程中, 锚索预应力损失主要体现在注浆过程、锚索孔道壁的摩擦、张拉方式等方面:

(1) 锚索注浆对预应力值的影响 在预应力锚索施工过程中, 注浆不均匀或者锚固体与土体黏结度不够会使锚索中应力损失, 同时所注水泥浆会因为水化热升温使钢绞线发生膨胀松弛, 也会造成锚索的预应力损失。

(2) 锚索孔道壁的摩擦对预应力损失的因素分析 预应力锚索在锁定之后会发生收缩, 过程中会因为与土体孔壁发生摩擦而收缩受限, 预应力锚索越长, 锚索与土体孔壁的摩擦越剧烈, 故锁定收缩量越小, 所以锚索越长, 单位长度的锚索收缩率就越小, 预应力损失也就越小。我国规范要求钻孔的偏斜率小于 1/30, 锚索孔的轴线是不规律的曲线, 若取摩擦因数 μ 为 0.1, 锚索自由段长 20m, 假定每钻进 1m 存在 1% 的倾斜, 张拉力是 850kN, 设钢绞线和孔道内部相贴, 并取尾端钢绞线 $\mathrm{d}l$ (图 4.3) 为研究对象, N 是张拉力, $\mathrm{d}F_1$ 是摩阻力造成的损失, $\mathrm{d}\theta$ 是钢绞线微段与孔壁

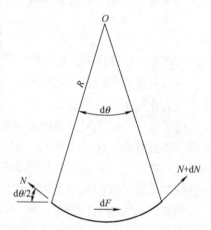

图 4.3 摩阻预应力值损失

的夹角, 由于 $\mathrm{d}\theta \approx 0$, $\cos(\mathrm{d}\theta/2) = 1$, $\sin(\mathrm{d}\theta/2) = \mathrm{d}\theta/2$, 可得到的摩阻力的损失为 $\mathrm{d}F_1 = -\mathrm{d}N \approx \mu N \mathrm{d}\theta$, 则摩阻力损失为 $F = \int \mathrm{d}F_1 L = L \int_0^{0.02} \mu N \mathrm{d}\theta = 34N$, 占张拉力的 4%, 所以必须重视孔道摩阻力产生的预应力值损失。

(3) 张拉方式对预应力损失的影响 实际工程中预应力锚索应力的施加通常选用整索分级依次张拉法, 通常每次施加的应力为设计标准值的一定比例, 这种分级施加法可以使得锚索在每次张拉前都能进行充分调整, 这样在最后预应力锚索的应力损失才会大幅减小。如三峡工程永久船闸高边坡中的锚索张拉力大多控制在 10% 以内。锚固土体中需要施加多根锚索, 最佳的施工方法是同时同步一起张拉, 但是由于设备不足, 往往是用仅有的设备对每根锚索顺次进行张拉, 这样

后张拉的锚索会改变土体中的受力情况，使得土体中的受荷区压缩变形增大，造成前期的已经施工完毕的预应力锚索的应力值损失。

4.2.2　锁定时的影响因素分析

在锚索应力锁定过程中，预应力损失主要体现在锚具、夹片变形及钢绞线回缩，以及张拉过程等方面：

（1）锚具、夹片变形及钢绞线回缩对预应力损失影响　由于预应力锚索的外锚固采用夹片自锚体系，千斤顶回油时，钢绞线由于外力作用减小必然向坡内收缩，并带动夹片一起收缩，最后锚具牢牢地将钢绞线卡住达到锁定的状态，但钢绞线收缩也会造成锚索的预应力值有所降低，通过上面的分析可以看出锚索的收缩量会影响锚索预应力的损失。因锚索锁定造成的损失与锚索的回缩量直接相关，所以由锚索锁定造成的损失可以反算回缩量，反之，根据厂家提供的回缩量可以预测锚索在锁定时的预应力损失值。

（2）张拉系统对预应力损失的影响。锚索张拉系统主要组成部分是液压表、液压管、液压泵和千斤顶，工程测试显示张拉千斤顶造成的摩擦损失大约为 1%，损失值较小可以采用超张拉的方法来进行弥补，故设计张拉值时要考虑张拉系统造成的这部分损失。

4.3　锚索预应力长期损失的影响因素分析

1. 土体介质蠕变的影响分析

岩土体的蠕变是造成预应力锚索应力损失的重要原因，岩土体是一种十分复杂的介质，表现的变形行为一般是弹性变形和塑性变形。岩土体发生蠕变主要是岩土体具有黏性。在预应力锚索对土体工程锚固后，土体蠕变只发生在应力集中区，即锚头端附近土体和锚固体周围的土体等部位。岩土体在锚索应力作用下发生蠕变进而变得更加密实，虽然预应力值会减小，但减小的速度会随着时间的推移逐渐减小，直至最终达到稳定的状态。

土体蠕变引起的预应力锚索的应力损失与岩土体的强度参数和土体的密实性密切相关。土体强度越大，密实性越好，土体蠕变幅度较小，造成的预应力损失也会很小，一般锚固体所在土层为岩质土体的预应力损失率为 15% ~ 20%。土体强度小，结构面多，土体在应力作用下的变形幅度较大自然造成的预应力损失大，一般锚固体所在土层为泥岩等软弱岩体时的预应力损失率为 20% ~ 25%。

2. 灌浆材料徐变的影响分析

土体徐变指的是在长期荷载作用下变形逐渐增大。灌浆材料最主要的特性就是徐变，影响徐变的主要因素包括施加荷载的历史、环境温度、加荷龄期、湿度等。通常温度越低，湿度越小，荷载越大，时间越久则徐变越大。因此，控制灌浆材料的所处环境也是控制锚索预应力值损失的重要方面之一。

3. 钢绞线松弛引起的预应力值损失

在恒定的初始预应力情况下，金属材料的变形随着时间推移慢慢增长，应力有所下降，锚索变得松弛，这是预应力损失的主要因素。钢材的不同型号对应着不同的松弛损失值。

1）钢绞线的应力松弛需要长久的荷载作用，因此不适合做长期的松弛试验，所以一般标准都是规定1000h松弛值，该松弛值还与钢绞线所受的张拉应力水平有关。因钢绞线松弛引起的预应力损失值 N_{12} 可以按下式计算

$$N_{12} = Fb \tag{4.4}$$

式中，F 为设计张拉值；b 为1000h松弛率。

2）松弛造成的应力损失主要发生在张拉完成后的短时间内，1d内就会完成总损失的80%，20d后松弛造成的损失基本结束，达到稳定状态。

3）在锚索锁定之前提前对钢绞线进行超张拉，然后按照标准的设计值进行张拉锁定则可以大幅降低松弛损失，因为提前进行的超张拉可以改变材料的松弛属性，如果条件允许可以反复进行超张拉并保持荷载作用一段时间，效果会更好。

4.4 环境因素对锚索预应力损失的影响分析

1. 降雨的影响分析

大量的长时间降雨对于预应力锚索中的应力值影响很大，特别是裂隙多、结构面多的部位。降雨造成支护结构失效，发生滑坡等破坏的新闻经常有报道。降雨对预应力锚索应力值的影响一般分为三个阶段：第一阶段是应力值减小阶段，这一阶段持续时间短，数值变化不大基本可以忽略；第二阶段为预应力值迅速增加阶段，这是因为在水的作用下土体发生膨胀变形造成预应力锚索跟随土体一起形变被拉长，锚索中的应力值相应增加，此阶段土体强度降低，坡体抗滑力大幅降低，最易发生破坏和发生滑坡；第三阶段为预应力值恢复阶段，随着水分的增发土体发生收缩，锚索达到新的平衡，这个阶段发生时间较久。经过这一过程锚索的功能会大打折扣，如果基坑经常受雨水干湿循环的影响，锚索会很快失去支护作用发生破坏，对工程的稳定性十分不利，与此同时这种循环过程也会影响锚索体和锚固段的耐久性。

2. 温度的影响分析

温度对锚索应力值的影响主要是因为土体会随着温度的变化发生膨胀和收缩，

温度升高时土体膨胀，土体的变形会带动锚索的拉伸使得锚索中的应力值增加，温度降低时土体又会收缩，锚索回缩使得锚索中的应力值减小。不同岩土体的温度膨胀系数也不同，主要取决于土体本身的性质。温度变化引起的预应力值变化可采用下式计算

$$\Delta PT_{\max} = \int_0^L \int_0^{T-T_0} (C - \alpha) E_y \mathrm{d}L \mathrm{d}T (A/L) \tag{4.5}$$

式中，α 为钢绞线的线膨胀系数；C 为岩土体的线平均膨胀系数；T 为温度；T_0 为基准温度。

4.5　膨胀土中锚索应力变化规律室内试验研究

试验所用膨胀土取自成都市龙泉驿区某施工现场。采用挖坑取土的方法获得原状膨胀土，取土深度为 2m 左右，大气影响深度为 3m 左右，比较符合干湿循环浅层性的特点。本场地总体地形较为平坦，起伏较小，地貌类型属浅丘、冲洪积堆积阶地平原型地貌，主要为岷江水系三级阶地。

试验用土主要特征为灰黄色、褐黄色、稍湿、可塑，含少量铁、锰质结核，土体切面光滑，稍有光泽，土体干燥状态下强度、韧性较高，表面发育有较为密集的网状裂隙，裂隙被少量灰白色高岭土充填，裂隙间可见光滑镜面，遇水后裂隙收缩，土体迅速软化，具有典型的膨胀土的特征。室内土工试验报告黏土、粉质黏土的物理力学试验中各指标的统计分析见表 4.1。

表 4.1　膨胀土各指标分析

土名	指标	天然含水率 $W(\%)$	重力密度 $\gamma/(\mathrm{KN/m^3})$	孔隙比 $e(\%)$	饱和度 $S(\%)$	液限 $w_L(\%)$	塑限 $w_P(\%)$	塑性指数 $I_p(\%)$	液性指数 $I_L(\%)$	压缩系数 $a_{1\text{-}2}/\mathrm{MPa}$	压缩模量 E_s/MPa	内聚力 C/kPa
土	最大值	25.1	2.06	0.74	96	44.8	19.8	25.9	0.3	0.256	10.114	49.9
	最小值	19.6	1.98	0.59	90.2	38.5	18.1	18.9	0.04	0.157	6.797	31.6
	平均值	22.53	2.022	0.664	93.04	41.49	18.95	22.54	0.165	0.2037	8.3107	41.31
	标准差 S	2.00	0.03	0.05	2.06	2.55	0.51	2.49	0.11	0.03	1.05	6.19
黏土	变异系数 δ	0.09	0.01	0.07	0.02	0.06	0.03	0.11	0.65	0.15	0.13	0.15
	统计修正系数 γ_s	0.95	0.99	0.96	0.99	0.96	0.98	0.94	0.62	0.91	0.93	0.91
	标准值 f_k	21.36	2.01	0.64	91.83	39.99	18.65	21.08	0.10	0.19	7.70	37.69
	样本数	10	10	10	10	10	10	10	10	10	10	10

4.5.1 试验设计与方案

为弄清膨胀土层中锚索应力的变化情况，从模型箱的设计、锚索应力量测设计、浸水设计、应力加载设计四个方面开展试验研究。

试验装置如图 4.4 所示，其中直径为 8mm、长度为 800mm 的光面冷拉钢筋作为锚索，锚固段与自由段长度均为 300mm，锚固段的直径为 50mm，模型箱直径与锚固体直径比 12，可以忽略边界对试验结果的影响。垫块采用混凝土制作，尺寸为直径 200mm，厚度为 20mm。

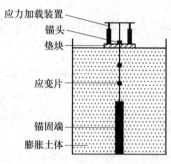

图 4.4 模型试验装置示意

在锚索拉力测试过程中，锚索自由端长度为 300mm，在自由段每隔 100mm 处粘贴应变片，如图 4.5 所示，共计 4 个应变片，4 个应力的平均值作为锚索自由段的应力值。为了提高土体渗透速度，缩短试验时间，试验中在土中布置竖向砂井作为浸水通道，砂井直径为 8mm，共布置 3 个，布置位置如图 4.6 所示。

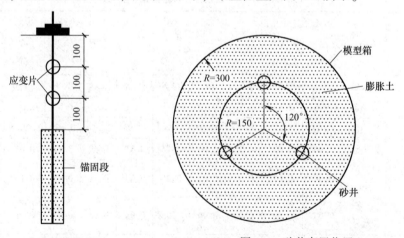

图 4.5 应变片粘贴位置　　　　　　图 4.6 砂井布置位置

施加锚索预应力是模型试验中最重要的一部分，试验通过千斤顶施加反力，试验预应力为 300kPa。通过千斤顶施加应力到标准值后迅速用锚头将锚索锁死，试验过程约 6h，应力加载装置如图 4.7 所示。

图 4.7　预应力加载装置

4.5.2　试验准备

模型箱中的土分 6 层填入，每层高度约为 2cm，用小喷壶均匀喷洒计算好质量的水，配制 16% 含水率的膨胀土，每层填土完毕后采用人工击实法进行击实，利用质量控制法控制土体干密度为 1.6g/cm³（土的干密度一般在 1.4~1.7g/cm³，但是膨胀土的干密度一般为 1.6g/cm³）。在填土过程中提前埋设直径 50mm、长度 300mm 的 PVC 管，如图 4.8 所示，以便后续锚索锚固段注浆孔的制作。

锚固体浇筑选用 C30 水泥，砂浆配比水：水泥：砂为 0.45∶1∶1。通过锚索对中器的上、下两个圆塞保证锚索的垂直度。注浆时采用铁丝轻微搅拌，保证浇筑锚索锚固体的完整性，注浆结束后覆盖薄膜养护 28d，防止土体水分蒸发和确保锚索锚固体强度达到试验要求，如图 4.9 所示。

图 4.8　埋设 PVC 管

图 4.9　锚固段注浆

将应变片连接到数据采集仪（图4.10），然后进行预应力加载，均匀地操作千斤顶，使得锚索上的4个应变片示数均匀地增加至平均值300kPa，并迅速将锚头锁死。

图4.10 数据采集仪

设置自动采集数据，观察预应力变化情况。锚头锁固后，每隔5min观测1次；0.5h以后，改为10min观测1次；1h以后改为0.5h观测1次；2h以后改为1h观测一次。若相邻两次观测数据的差值在3kPa以下，就认为锚索的预应力损失已经结束，数据采集结束。

4.5.3 试验结果与分析

1. 含水率对锚索预应力损失的影响

对含水率为16%、19%、22%、25%的膨胀土中的锚索应力进行测试，其随时间变化的规律如图4.11所示。

从图4.11中可以看出：

1）预应力的减小可以分为三个阶段。第一个阶段为预应力快速减小阶段，时间为0~20min，这是因为随着土体含水率的增加，土体孔隙比增大，在水的作用下土体内部发生化学变化和物理变化从而导致内部联结力和结构强度降低，造成在前20min内土体在外力作用下急剧变形，以至于锚索中的应力迅速减小（实际工程加载结束后，千斤顶回油的瞬间锚索不可避免地回缩，使得预应力瞬时损失，但本实验的主要目的是研究膨胀作用对锚索的影响，所以在实验过程中没有卸载千斤顶）；第二个阶段为预应力缓慢减小阶段，时间为20~60min，第一阶段结束后，土体的孔隙比减小，密实度增加，使得土体变形模量增大，变形量减小；第三个阶段为预应力相对稳定阶段，时间为1~5h，在这一阶段中预应力减小非常缓

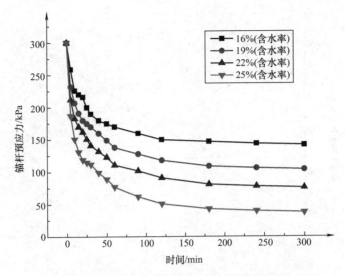

图 4.11　不同含水率情况下锚索预应力值变化情况

慢，每个小时的损失量均在 10kPa 以下，系统达到一个相对比较稳定的状态。

2）预应力损失比即锚索中应力损失值与锚索中的初始预应力值的比值。工程中常用预应力损失比这一指标来衡量预应力锚索是否失效，所以预应力损失比对实际工程具有重要意义。含水率对于预应力损失比的影响结果如下：含水率 16%、19%、22%、25% 的情况时预应力损失比分别为 52.67%、65.33%、74.67%、87.33%，随着含水率的增加应力损失比率相应增加，说明含水率的增加使得土体的膨胀作用愈加显著，60min 预应力损失占总损失百分比分别为 82.27%、82.65%、84.38%、85.11%。试验持续 5h 才达到相对稳定状态，然而 80% 以上的应力损失却基本上都是在 1h 内完成的。预应力损失规律可以参见表 4.2。

表 4.2　预应力损失规律表

试验序号	含水率	初始预应力 /kPa	60min 预应力值 /kPa	预应力稳定值 /kPa	60min 预应力损失占总损失百分比	预应力损失比
1	16%	300	170	142	82.27%	52.67%
2	19%	300	138	104	82.65%	65.33%
3	22%	300	111	76	84.38%	74.67%
4	25%	300	77	38	85.11%	87.33%

通过预应力损失比和含水率的关系拟合曲线可以看出两者之间基本呈线性关系，相关系数为 0.99487，如图 4.12 所示。

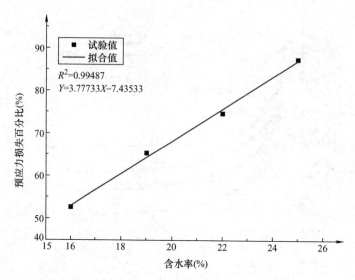

图 4.12   含水率与预应力损失率的关系拟合曲线

2. 含水率对膨胀土膨胀量的影响

土样在侧限约束条件下浸水膨胀后高度增量与原高度的比值为膨胀率，当土样无上覆荷载作用时即无荷膨胀率，影响膨胀率的因素主要是含水率和干密度。为测出土体的无荷膨胀量，初定试验中土体的干密度为 $1.5 \mathrm{g/cm^3}$，试验考虑土体含水率共经过三个阶段的变化，即含水率从 16% 到 19%、从 19% 到 22%、从 22% 到 25%。

在土体表面 $R = 150 \mathrm{mm}$ 位置上等距离布置三个沉降板，取三个位移计的平均值作为土体表面的位移值。数据采集仪自动采集方式为每 1h 采集一次，共计采集 24 次（经过试验 24h 后土体膨胀基本趋于稳定）。

膨胀时程曲线呈 S 形，如图 4.13、图 4.14、图 4.15 所示。其膨胀过程大致可以分为三个阶

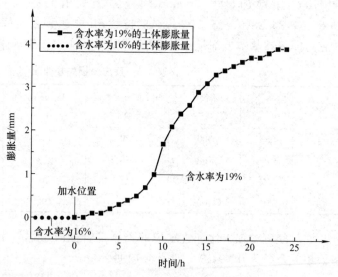

图 4.13   含水率由 16% 变为 19% 时的土体膨胀量

段，第一阶段为初始膨
胀阶段，膨胀速率较
小，膨胀量增长缓慢；
第二阶段为加速膨胀
阶段，膨胀速率增大，
膨胀量增长迅速；第
三阶段为缓慢膨胀阶
段，膨胀速率变小，
膨胀量增长缓慢直至
趋于稳定。从图中也
可以看出，起始含水
率越高，S 形曲线弯曲
度越低，即三个阶段
的增长率差距越小，
主要的原因是起始含
水率较低的时候土体
孔隙率较大，造成土
体不能迅速进入到膨
胀阶段。全过程膨胀
量的变化图如图 4.16
所示。

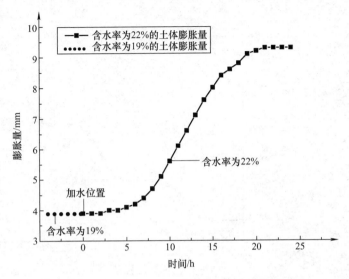

图 4.14　含水率由 19% 变为 22% 时的土体膨胀量

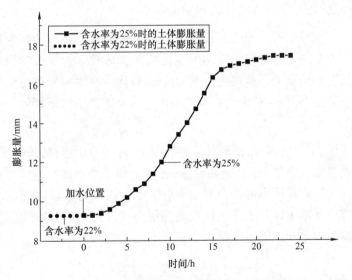

图 4.15　含水率由 22% 变为 25% 时的土体膨胀量

　　从图 4.16 中可以
看出当含水量由 16%
变为 19% 时，最终的
土体膨胀量为 3.9mm，
当含水量由 19% 变为
22% 时最终膨胀量为
5.4mm，当含水量由
22% 变为 25% 时最终
膨胀量为 8.1mm。所
以含水量由 16% 变为 19%、22%、25% 的最终膨胀量分别为 3.9mm、9.3mm、
17.4mm。由此可以看出，含水率越大，膨胀土土体的膨胀作用越明显，虽然含水
率增加的幅度相同，但是膨胀量增加的幅度却在变大。

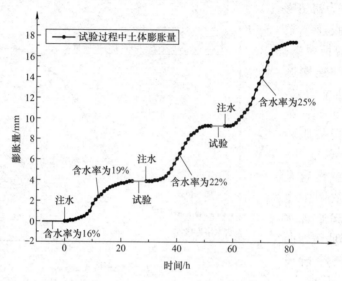

图 4.16　实验过程中的土体膨胀量

3. 锚索锚固段传力规律分析

现行的设计规范和技术标准均采用摩阻力均匀分布假定进行设计。但这种设计方法并不符合锚索受力的实际情况。总结分析前人的成果可以发现最贴近实际情况的摩阻力分布理论是由 Phillips 提出的摩阻力分布经典理论。

由 Phillips 提出的界面摩阻力分布是按负指数函数分布，表达式为

$$\tau_x = \tau_0 e^{-\frac{Ax}{d}} \tag{4.6}$$

式中，τ_0 为锚固段顶端处的界面摩阻力；τ_x 为锚固剂和膨胀土体界面上距锚固段 x 处界面的摩阻力；d 为锚索直径；A 为锚索中界面摩阻力与主应力有关的常数。

锚索系统中的锚固力主要取决于锚固段与土体之间的摩阻力，所以在本次计算中忽略土体对于锚固段端面的阻力，因此自由段的荷载等于锚固段与土体界面摩阻力之和，因此可得

$$P = \int_0^{x_0} 2\pi R \tau_x d(x) \tag{4.7}$$

化简式(4.7)可得

$$\tau_0 = -\frac{PA}{2\pi R d (e^{-\frac{Ax_0}{d}} - 1)} \tag{4.8}$$

将式(4.8)代入到式(4.6)得

$$\tau_x = -\frac{PA}{2\pi R d (e^{-\frac{Ax_0}{d}} - 1)} e^{-\frac{Ax}{d}} \tag{4.9}$$

式中，P 为锚索自由段的轴力；x_0 为锚索锚固段的长度；R 为锚固段的半径。

式(4.6)中的常数 A 在岩石锚索和土体锚索中的取值往往不同。本实验模拟的是土体锚索，常数 A 取值为 0.078。基于推导出的锚固段和土体界面的摩阻力分布，推导锚固段钢筋的轴力分布过程如下：锚固剂内外径向摩阻力分布并不一样，基于 Phillips 提出的摩阻力分布经典理论，可以进一步分析出锚固剂与锚索之间的摩阻力分布，锚固剂、锚索、土体之间形成的三维模型如图 4.17 所示。

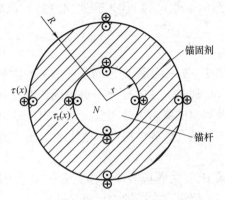

图 4.17　锚固段剖面

由于锚固剂静力平衡，所以作用在锚固剂内外的摩阻力相同，据此可得

$$2\pi r \tau_{rx} = 2\pi R \tau_x \tag{4.10}$$

式中，τ_{rx} 为锚固剂和锚索界面上距锚固段 x 处界面摩阻力；r 为锚索的半径。

化简可得

$$\tau_{rx} = \frac{R}{r}\tau_x \tag{4.11}$$

将式(4.9)代入式(4.11)可得

$$\tau_{rx} = -\frac{PA}{2\pi r d(e^{-\frac{Ax_0}{d}} - 1)}e^{-\frac{Ax}{d}} \tag{4.12}$$

在锚固段距离锚固段顶端 x 处选取一截面（图 4.18）进行受力分析，目的是通过锚固剂与锚索之间界面的摩阻力来推算锚固段锚索轴力分布。

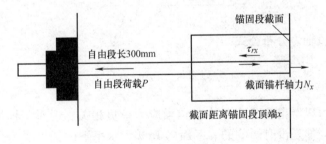

图 4.18　锚固段截面

对锚索进行静力平衡分析，作用在钢筋与锚固剂截面上的摩阻力之和加上截面锚索轴力等于自由段的荷载 P。据此可得公式

$$\int_0^x 2\pi r \tau_{rx} \mathrm{d}x + N_x = P \tag{4.13}$$

将式(4.12)代入到式(4.13)，化简公式可得锚固段锚索轴力的分布公式

$$N_x = P - \frac{P}{e^{-\frac{Ax_0}{d}} - 1}(e^{-\frac{Ax}{d}} - 1) \tag{4.14}$$

式中，N_x 表示距离锚固段顶端 x 的锚索轴力。

通过上述的推导得出锚固段与土体界面的摩阻力分布公式、锚固段与锚索钢筋界面的摩阻力分布公式及锚固段轴力的分布公式。

结合试验中得到的含水率与预应力损失比的拟合关系式

$$\alpha = 3.78\omega - 7.44 \tag{4.15}$$

式中，α 为预应力锚索稳定后的预应力损失比；ω 为膨胀土土体的含水率。

锚索自由段轴力计算公式如下

$$P = \sigma_0(1 - \alpha)\pi dl \tag{4.16}$$

式中，σ_0 为锚索初始预应力；l 为锚索自由段长度。

将式(4.16)代入式(4.15)得

$$P = \sigma_0(8.44 - 3.78\omega)\pi dl \tag{4.17}$$

由此便可通过含水率来预估锚索自由段拉力值。本次试验中锚索初始预应力 $\sigma_0 = 300\text{kPa}$，锚索直径 $d = 0.008\text{m}$，锚索自由段长度 $l = 0.3\text{m}$。通过计算得到的数据与实验数据基本吻合。

将式(4.17)分别代入式(4.9)、式(4.12)、式(4.14)得锚固段与土体界面的摩阻力分布公式

$$\tau_x = -\frac{A\sigma_0 dl(8.44 - 3.78\omega)}{2R(e^{-\frac{Ax_0}{d}} - 1)}e^{-\frac{Ax}{d}} \tag{4.18}$$

锚固段与锚索界面的摩阻力分布公式

$$\tau_x = -\frac{A\sigma_0 dl(8.44 - 3.78\omega)}{2r(e^{-\frac{Ax_0}{d}} - 1)}e^{-\frac{Ax}{d}} \tag{4.19}$$

锚索锚固段轴力分布公式

$$N_x = \sigma_0(8.44 - 3.78\omega)\pi dl \frac{e^{-\frac{Ax_0}{d}} - e^{-\frac{Ax}{d}}}{e^{-\frac{Ax_0}{d}} - 1} \tag{4.20}$$

通过上式可以看出含水率基本与锚索应力呈负相关，但对于锚固段—土体界面的应力分布规律是没有影响的。下面以 16% 含水率下的锚索受力分布为例讨论锚固段—土体界面的应力分布规律。

由式(4.17)计算得此时的自由段轴力值 $P = 1070.11\text{N}$，试验中锚固段半径 $r = 0.25\text{m}$，锚固段长度 $x_0 = 0.3\text{m}$，将上述数值代入公式并化简得 16% 含水率下的锚固段与土体界面的摩阻力分布规律

$$\tau_{(x)} = 70.03e^{-9.75x} \tag{4.21}$$

锚固段与锚索界面的摩阻力分布规律

$$\tau_{rx} = 437.66e^{-9.75x} \qquad (4.22)$$

锚索锚固段轴力分布规律

$$N_x = 1128.38e^{-9.75x} - 60.54 \qquad (4.23)$$

锚固段与土体界面的摩阻力分布如图 4.19 所示，锚固段与锚杆钢筋界面的摩阻力分布及锚固段轴力的分布如图 4.20 所示。

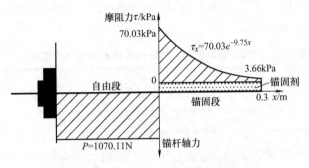

图 4.19　锚固段与土体界面的摩阻力分布

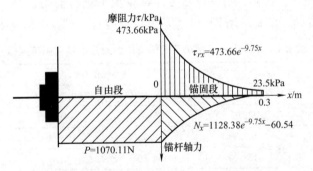

图 4.20　锚固段与锚杆钢筋界面的摩阻力分布

由图 4.19、图 4.20 可以看出，锚固段—土体界面的应力分布基本呈指数型分布。综上所述，利用含水率来估算膨胀土中锚索自由段拉力，并结合得到的锚固段—膨胀土体界面的应力分布规律，研究结果可为设计施工提供参考依据。

4.6　膨胀土中锚索的预应力数值模拟

应用 FLAC 数值模拟软件模拟分析锚索—膨胀土相互作用的力学机制，主要研究含水率变化导致的锚索应力损失的规律。FLAC 数值模拟得到的结果是否准确与参数的选取密切相关，而膨胀土体的强度参数是锚索应力变化规律计算的关键。通过剪切试验测得含水率为 16%、19%、22%、25% 时土体的内摩擦角和黏聚力，再将对应的参数代入到数值模拟中模拟不同含水率情况下锚索应力变化规律。

4.6.1 数值计算参数的确定

计算分析采用摩尔-库仑模型。摩尔-库仑模型的主要材料参数有 5 个：弹性体积模量 K、弹性切变模量 G、抗拉强度 σ_t、黏聚力 c 和内摩擦角 φ。

膨胀土抗拉强度 σ_t 是通过其与含水率 ω 的关系来确定的，有研究表明 $\sigma_t = -3.2527\omega + 96.411$，并且相关系数 $R^2 = 0.9995$，相关性强。膨胀土的变形模量和泊松比的取值见表 4.3。

表 4.3　膨胀土的泊松比 ν 和弹性模量 E 与含水率的关系[4]

含水率（%）	16	19	22	25
泊松比	0.24	0.35	0.37	0.41
弹性模量/MPa	33.35	23.50	17.77	13.82

黏聚力 c 和内摩擦角 φ 的确定比较复杂，不同于其他参数的普适性，不同的膨胀土的黏聚力 c 和内摩擦角 φ 差别可能很大，所以为了使得模拟的结果更准确，分别在含水率为 16%、19%、22%、25% 四种情况下进行剪切试验，从而确定黏聚力 c 和内摩擦角 φ。试验采用 ZJ-4 型应变式直剪仪，试验结果见表 4.4、表 4.5。

表 4.4　不同含水率情况下各垂直压力对应的抗剪强度规律

垂直压力/kPa	抗剪强度/kPa			
	含水率为 16%	含水率为 19%	含水率为 22%	含水率为 25%
25	90.62	53.05	41.92	33.08
50	107.39	59.95	47.93	38.69
100	158.24	78.89	61.68	45.73
200	216.80	107.87	84.83	59.60
300	263.19	135.95	112.38	75.74

表 4.5　不同含水率对应的黏聚力和内摩擦角

含水率（%）	16	19	22	25
黏聚力/kPa	80.28	46.25	35.45	27.31
内摩擦角/(°)	25.3	16.8	14.3	10.9

非全长锚固预紧力锚杆主要有三种模拟方法。

方法 1：通过删除—建立 link 连接来模拟托盘。通过删除锚索端头，即 cable 单元头部的 node 和 ZONE 之间自动建立的连接，然后在它们之间建立刚性连接来模拟托盘。锚杆（锚索）自由段和锚固段通过设置不同的锚固剂参数来模拟，预紧力加在锚杆自由段。

方法 2：通过设置极大锚固剂参数模拟托盘。将锚杆（锚索）的端头、自由段、锚固段赋予不同的属性来模拟非全长锚固预应力锚杆（锚索），端头的锚固参数设为极大值来模拟托盘，这样在锚杆（锚索）受力时，端头不会滑动，相当于托盘的作用。

方法 3：借助别的结构单元（如 liner 单元）。删除掉锚杆（锚索）端头的 link，然后建立新的 link，新的 link 的 target 为 liner 上的 node。预紧力加在锚杆自由段。

本次模拟采用第 3 种方法，用 liner 单元来模拟试验中的托盘。

锚杆中的应力需要通过托盘传递到土体上表面，通过命令删除 cable 结构单元和 liner 结构单元与土体的连接点，将 cable 单元的端点与 liner 单元的中心点连接，并把新的连接设置为刚性连接，这样就可以很好地模拟试验中力的传导方式，这也是模拟中非常关键的一步。预应力锚杆主要由三部分组成，分别为外锚头、自由段和锚固段。外锚头即试验中的托盘，采用 liner 单元来模拟，锚杆采用 cable 单元来模拟，模拟过程中预应力施加在自由段上。锚索的长度跟上文中室内试验中的长度相同，为 600mm，自由段和锚固段均为 300mm，每段均由 10 个构件组成。计算中，除了上表面为自由面，其他的土体表面均为法向约束条件，具体的模型如图 4.21 所示。

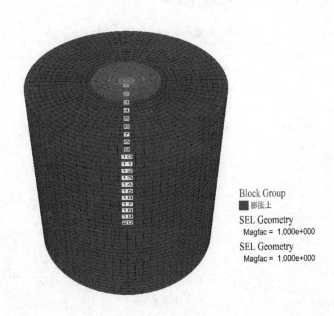

图 4.21 膨胀土-锚杆数值模拟计算模型

4.6.2 计算结果分析

计算中，首先初始化地应力，模拟土体在重力作用下固结的过程，然后通过命令在锚索自由段施加 300kPa 的应力进行计算，模型中的力重新分配直至达到平衡，待到计算达到平衡时记录下锚索中的应力。

1）含水率为 16% 时的计算结果如图 4.22 所示。从图中可以看出，锚索自由段的应力值最大，最大值为 1.507e+005Pa（150.7kPa），锚固段上的轴向应力值分布从上向下逐渐减小。在锚索全长上的轴向应力值分布情况如图 4.23 所示。

图 4.22　含水率为 16% 时的模拟结果

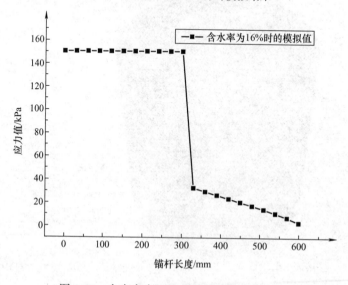

图 4.23　含水率为 16% 时的锚索稳定应力值

2）含水率为 19% 时的计算结果如图 4.24 所示。从图中可以看出，锚索自由段的应力值最大，为 1.114e+005Pa（111.4kPa），锚固段上的轴向应力值分布从上向下逐渐减小，与图 4.23 类似，在锚索全长上的轴向应力值分布情况如图 4.25 所示。

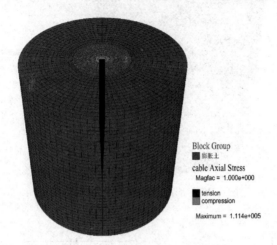

图 4.24　含水率为 19% 时的模拟结果

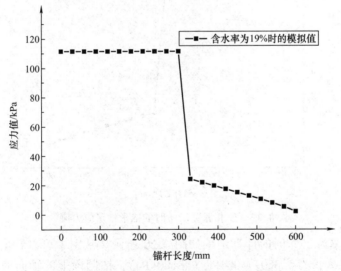

图 4.25　含水量为 19% 时的锚索稳定应力值

3）含水率为 22% 时的计算结果如图 4.26 所示。从图中可以看出，锚索自由段的应力值最大，为 8.494e+004Pa（84.94kPa），锚固段上的轴向应力值分布从上向下逐渐减小，与图 4.23、图 4.25 类似，在锚索全长上的轴向应力值分布情况如图 4.27 所示。

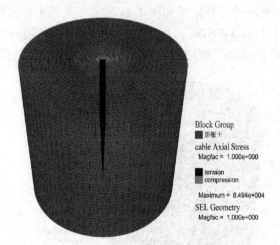

图 4.26 含水率为22%时的模拟结果

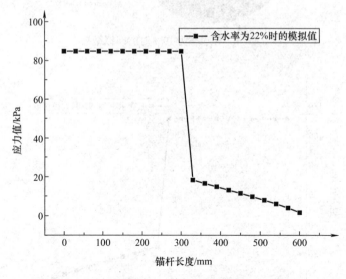

图 4.27 含水率为22%时的锚索稳定应力值

4) 含水率为25%时的计算结果如图 4.28 所示。从图中可以看出,锚索自由段的应力值最大,为 4.380e + 004Pa (43.80kPa),锚固段上的轴向应力值分布从上向下逐渐减小,与图 4.23、图 4.25、图 4.27 类似,在锚索全长上的轴向应力值分布情况如图 4.29 所示。

4 组模拟试验分别在含水率为16%、19%、22%、25%的情况下进行,施加的初始预应力均为 300kPa,计算稳定时锚索中自由段的应力稳定值分别为 150.7kPa、111.4kPa、84.94kPa、43.80kPa,各含水率情况下的预应力损失比分别为 49.76%、62.87%、71.69%、85.4%。具体情况如图 4.30 所示,

图 4.28　含水率为 25% 时的模拟结果

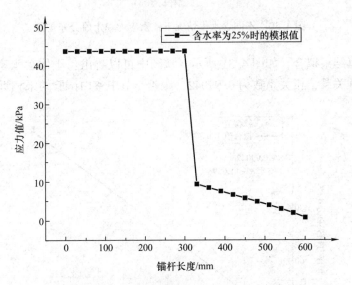

图 4.29　含水率为 25% 时的锚索稳定应力值

具体的预应力损失规律模拟结果见表 4.6。

表 4.6　数值模拟预应力损失规律表

实验序号	含水率	初始预应力 /kPa	预应力稳定值 /kPa	锚固段应力 最大值/kPa	锚固段应力 最小值/kPa	预应力损失 比（%）
1	16%	300	150.7	32.77	2.881	49.76
2	19%	300	111.4	24.21	2.121	62.87
3	22%	300	84.94	18.42	1.606	71.69
4	25%	300	43.80	9.440	0.7971	85.4

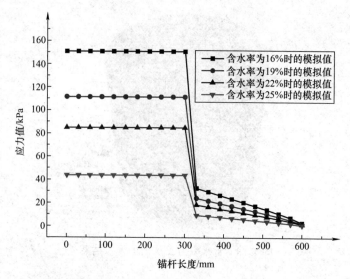

图4.30 不同含水率情况下锚索应力稳定值分布规律

对计算结果拟合，如图4.31所示。从图中可以看出：土体含水率和预应力损失比呈线性关系，相关系数为0.99042，跟4.5节中室内试验结果相近。

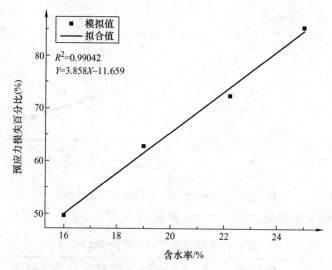

图4.31 含水率与预应力损失率关系的拟合曲线

室内模型试验和数值模拟均是在含水率为16%、19%、22%、25%的情况下进行的，其结果如图4.32所示。

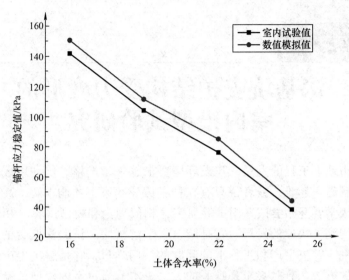

图 4.32　室内试验结果和数值模拟结果对比

从图 4.32 可以看出：数值计算结果和室内试验结果基本一致。随着含水率的增加，锚索应力值逐渐减小，表明水-应力耦合作用对锚索应力值影响显著，在膨胀土地层深基坑支护设计中要考虑降雨入渗等条件下对桩锚支护结构体系稳定的影响。

第5章

深基坑支护结构受力变形的
室内模型试验研究

　　随着城市地下工程的发展，建设环境要求越来越严格。仅利用数学方法解决地下工程问题越来越难，或者说只有在种种假设约束下才能求解，甚至是不可求解的。故广大学者开始尝试室内试验研究，相似理论和模型试验（相似模拟）应运而生，并得到了快速的发展。它是结合数学解析法和试验法两者的优点，用来进行科学研究、解决生产和工程上的问题的一门学科，它是解决生产和工程问题的一种有效的方法，有时甚至是唯一的方法。本节通过室内模型试验分析深基坑开挖过程中支护桩应力及桩顶位移变形规律，不同地表、不同距离附加应力作用下支护桩应力和桩顶位移变化规律，以及嵌固深度对支护桩应力及桩顶位移变化的影响。

5.1　模型参数的确定

5.1.1　相似比确定

　　本次试验采用矩阵法来推求相似准则，根据推导步骤得出相似准则。

　　（1）列出参数，写出现象的函数式　　陈阵[211]等研究了不同插入深度比、不同支护结构厚度对支护结构作用力的影响。冯俊超[212]通过模型试验研究了桩锚支护体系土压力随基坑开挖的变化规律，以及桩体的内力变形。孙亮等[213]研究了桩顶荷载和土体材质对单桩沉降的影响。彭社琴[214]在博士论文中研究了支护墙体厚度、支撑间距、支撑刚度和坑外土体刚度等因素对支护结构与土相互作用的影响。影响地表附加应力对支护结构受力变形的主要参数见表5.1。

表 5.1　主要影响参数

序号	符号	意义	量纲
1	G	地表附加应力	$[ML^{-1}T^{-2}]$
2	k	嵌固深度比	—
3	D	附加应力与桩体距离	$[L]$

（续）

序号	符号	意义	量纲
4	γ	土的重度	$[\mathrm{ML}^{-2}\mathrm{T}^{-2}]$
5	c	土的黏聚力	$[\mathrm{ML}^{-1}\mathrm{T}^{-2}]$
6	φ	土的内摩擦角	—
7	μ_1	土的泊松比	—
8	K	土的变形模量	$[\mathrm{ML}^{-1}\mathrm{T}^{-2}]$
9	p	桩土水平作用力	$[\mathrm{ML}^{-1}\mathrm{T}^{-2}]$
10	E	桩体弹性模量	$[\mathrm{ML}^{-1}\mathrm{T}^{-2}]$
11	μ_2	桩体泊松比	—
12	σ	桩体应力	$[\mathrm{ML}^{-1}\mathrm{T}^{-2}]$
13	u	桩顶水平位移	$[\mathrm{L}]$
14	S	桩体垂直位移	$[\mathrm{L}]$
15	L	基坑几何尺寸	$[\mathrm{L}]$

列出各参数间的代数方程式，$C_k = C_\varphi = C_{\mu_1} = C_{\mu_2} = 1$，即函数表达式为

$$\varphi(G, D, c, p, E, \sigma, \mu, S, \gamma, K, L) = 0$$

（2）写出 π 项式　　$\pi = G^a D^b c^c p^d E^e \sigma^f \mu^g S^h \gamma^i K^j L^k$

（3）列参数因次表　见表 5.2。

表 5.2　参数因次

	a	b	c	d	e	f	g	h	i	j	k
	G	D	c	p	E	σ	μ	S	γ	K	L
L	-1	1	-1	-1	-1	-1	1	1	-2	-1	1
T	-2	0	-2	-2	-2	-2	0	0	-2	-2	0
M	1	0	1	1	1	1	0	0	1	1	0

（4）列参数指数矩阵表　见表 5.3。

表 5.3　参数指数矩阵

	a	b	c	d	e	f	g	h	i	j	k
	G	D	c	p	E	σ	μ	S	γ	K	L
π_1	1	0	0	0	0	0	0	0	0	-1	0
π_2	0	1	0	0	0	0	0	0	0	0	-1

（续）

	a	b	c	d	e	f	g	h	i	j	k
	G	D	c	p	E	σ	μ	S	γ	K	L
π_3	0	0	1	0	0	0	0	0	-1	0	-1
π_4	0	0	0	1	0	0	0	0	-1	0	-1
π_5	0	0	0	0	1	0	0	0	-1	0	-1
π_6	0	0	0	0	0	1	0	0	-1	0	-1
π_7	0	0	0	0	0	0	1	0	0	0	-1
π_8	0	0	0	0	0	0	0	1	0	0	-1

（5）按参数指数矩阵表写出准则　求得以下准则：

$$\pi_1 = \frac{G}{K}; \pi_2 = \frac{D\gamma}{K}; \pi_3 = \frac{c}{\gamma L}; \pi_4 = \frac{p}{\gamma L}; \pi_5 = \frac{E}{\gamma L}; \pi_6 = \frac{\sigma}{\gamma L}; \pi_7 = \frac{\mu}{L}; \pi_8 = \frac{S}{L}$$

则准则方程为 $\pi = \varphi\left(\frac{G}{K}, \frac{D\gamma}{K}, \frac{c}{\gamma L}, \frac{p}{\gamma L}, \frac{E}{\gamma L}, \frac{\sigma}{\gamma L}, \frac{\mu}{L}, \frac{S}{L}\right) = 0$。

（6）确定几何相似比和重度相似比　现场基坑的尺寸假定为：长 32400mm、宽 21400mm、深 27723mm，试验模拟系统采用中国矿业大学（北京）城市地下工程实验室的城市地下工程模拟试验系统试验台，其尺寸为长 2300mm、宽 2300mm、深 2000mm，所以本模拟试验采用 1:30 的几何相似比；现场土质的重度为 17.15 ~ 21.56kN/m³，根据以往实验室采用的相似材料，其重度大概为 11.12 ~ 15.67kN/m³，综合考虑本模拟试验采用 1:1.5 的重度相似比，即 $C_L = 30$，$C_\gamma = 1.5$。

（7）确定模型试验相似比　由准则 $\pi_4 = \frac{p}{\gamma L}$ 可得 $\frac{p}{\gamma L} = \frac{p'}{\gamma' L'}$，即 $\frac{C_p}{C_\gamma C_L} = 1$，将 $C_L = 30$、$C_\gamma = 1.5$ 代入可得 $C_p = C_\gamma C_L = 1.5 \times 30 = 45$；由准则 $\pi_2 = \frac{D\gamma}{K}$ 可得 $\frac{D\gamma}{K} = \frac{D'\gamma'}{K'}$，即 $\frac{C_D C_\gamma}{C_K} = 1$，可得 $C_K = C_D C_L = 45$；由准则 $\pi_1 = \frac{G}{K}$ 可得 $\frac{G}{K} = \frac{G'}{K'}$，即 $\frac{C_G}{C_K} = 1$，可得 $C_G = C_K = 45$；由准则 $\pi_3 = \frac{c}{\gamma L}$ 可得 $\frac{c}{\gamma L} = \frac{c'}{\gamma' L'}$，即 $\frac{C_c}{C_\gamma C_L} = 1$，可得 $C_c = C_\gamma C_L = 1.5 \times 30 = 45$；由准则 $\pi_5 = \frac{E}{\gamma L}$ 可得 $\frac{E}{\gamma L} = \frac{E'}{\gamma' L'}$，即 $\frac{C_E}{C_\gamma C_L} = 1$，可得 $C_E = C_\gamma C_L = 1.5 \times 30 = 45$；由准则 $\pi_6 = \frac{\sigma}{\gamma L}$ 可得 $\frac{\sigma}{\gamma L} = \frac{\sigma'}{\gamma' L'}$，即 $\frac{C_\sigma}{C_\gamma C_L} = 1$，可得 $C_\sigma = C_\gamma C_L = 1.5 \times 30 = 45$；由准则 $\pi_7 = \frac{\mu}{L}$ 可得 $\frac{\mu}{L} = \frac{\mu'}{L'}$，即 $\frac{C_\mu}{C_L} = 1$，可得

$C_\mu = C_L = 30$ ；由准则 $\pi_8 = \dfrac{S}{L}$ 可得 $\dfrac{S}{L} = \dfrac{S'}{L'}$ ，即 $\dfrac{C_S}{C_L} = 1$ ，可得 $C_S = C_L = 30$ 。

5.1.2　材料选择

根据相似比，本次拟采用的相似土体为砂土与膨胀性土体的混合土，能够较好地模拟现场土层情况，土的物理参数见表 5.4。

表 5.4　模拟土体物理力学参数

	天然密度 /(g/cm³)	内摩擦角 /(°)	黏聚力 /kPa	孔隙率	泊松比	地基承载力 /kPa
模型土	1.8	20	10	0.4	0.28	220

5.1.3　试验布置及方法

根据试验目的，模型试验通过不同大小的附加应力、不同距离的附加应力和不同插入深度比三个因素变化，设计正交试验分析得到各个因素对桩体相互作用力的影响规律，模型试验共做了 9 组，模型试验方案见表 5.5。根据 GB 50009—2012《建筑结构荷载规范》[215]，可计算现场周围建筑结构的自重大约为 145kN/m²，距离基坑边缘 15m。根据上述推导的相似准则，附加应力相似比为 $C_G = 45$。

表 5.5　正交试验设计表

试验编号	附加应力 /kPa	力—桩距离 /m	插入深度比	桩顶水平位移 /m	桩顶竖向位移 /m	桩身应力 /kPa
1	3.2	0.33	0.2	待测	待测	待测
2	3.2	0.50	0.3	待测	待测	待测
3	3.2	0.67	0.4	待测	待测	待测
4	3.6	0.33	0.3	待测	待测	待测
5	3.6	0.50	0.4	待测	待测	待测
6	3.6	0.67	0.2	待测	待测	待测
7	4.0	0.33	0.4	待测	待测	待测
8	4.0	0.50	0.2	待测	待测	待测
9	4.0	0.67	0.3	待测	待测	待测

注：表中附加应力为地表附加应力，力—桩距离为地表附加应力与支护桩的距离，插入深度比为支护桩嵌固深度与裸露长度比。通过模型试验测出试验中的桩顶位移和桩身变形，再通过应力相似比和几何相似比折算出实际情况。

现场基坑尺寸长 32400mm、宽 21400mm、深 27723mm，现场支护桩的布置情况如图 5.1 所示。根据现场支护桩布置情况可知，基坑支护桩呈对称分布，研究 1/2 基坑桩体受力情况，如图 5.2 所示。原型桩长为 32719mm，直径 1000mm，桩间距 1500mm。根据几何缩比，模型试验中桩的尺寸为长 1090mm，直径 33.4mm，桩间距 50mm。模型试验使用应变片粘贴在桩身，通过量测桩身应变计算桩身应力的变化。桩体位移主要包括：桩顶竖向和水平位移，采用位移计采集竖向和水平位移。确定应变片和位移计的布置位置，沿桩身轴向应变片从桩顶每 100mm 布置一个，一侧布置 11 个，桩体两侧对称布置，两侧一共 22 个，土压力盒布置在桩体之间和桩体的外侧，布置方式如图 5.3、图 5.4 所示。位移计布置在桩顶和基坑开挖侧的水平侧顶部，布置简图如图 5.5 所示。仪器型号和精度介绍如下：

1）位移计采用电阻位移传感器，最小分辨系数为 0.003mm。工作温度范围为 -35~60℃，相对湿度小于 90%，采用磁力表座固定位移计，如图 5.6、图 5.7 所示。

2）应变片采用电阻应变片，应变片的电阻值为 (120±0.2)Ω，灵敏系数为 2.06±1%，如图 5.8 所示。

3）土压力盒采用箔式微型土压力盒，量程为 0.5MPa，如图 5.9 所示。

4）位移计、土压力盒和应变片数据采集均采用 TDS-303 采集仪，该采集仪采集接口多，能够采集较多数据，如图 5.10 所示。

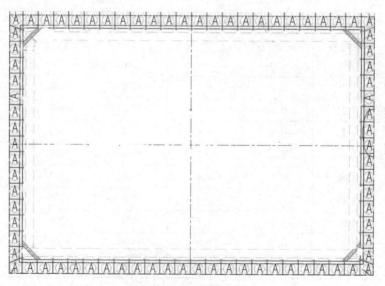

图 5.1　现场支护桩布置

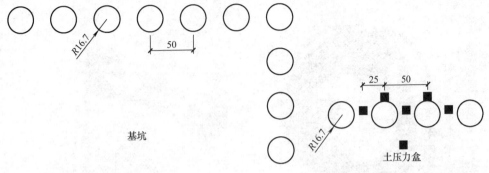

基坑

图 5.2　试验支护桩布置

图 5.3　土压力盒平面布置

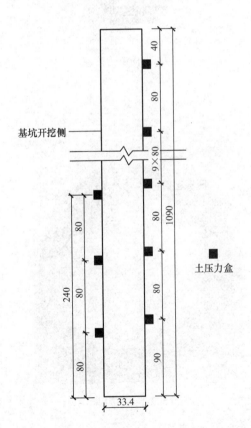

图 5.4　土压力盒竖向布置

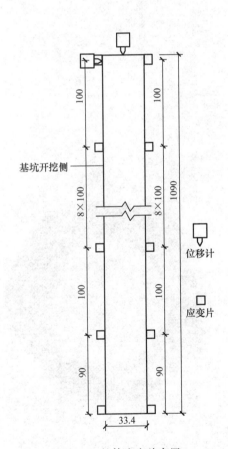

图 5.5　桩体应变片布置

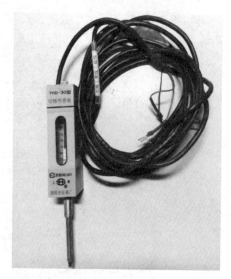

图 5.6 位移计

图 5.7 万向磁力表座

图 5.8 应变片

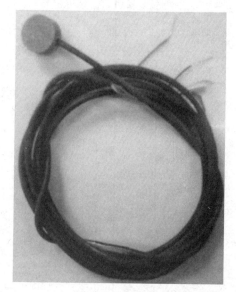

图 5.9 土压力盒

图 5.10　数据采集仪

5.2　模型试验方案实施

本次模型试验采用的是中国矿业大学（北京）城市地下工程实验室的城市地下工程模拟试验系统，如图 5.11 所示。该系统是三维模拟系统，能够实现三维加载，更好地模拟现场情况。

（1）桩体的预制和拆模　试验的桩体采用 C10 混凝土，经过试验测试配置的混凝土强度及坍落度符合试验和规范要求。模具采用 PVC 管，钢筋采用钢丝，每根桩体里布置 6 根钢丝，以确保其强度。为了清理模具内的杂物和方便脱模，在模具中浇筑混凝土前，先在模具内表面涂抹 3 次硅油。在浇筑混凝土到达每根桩体的一半时，在振动台上振动密实再进行下次浇筑，当桩体浇筑完成并振动密实后，将桩体放入恒温恒湿的保温室内养护 28d，达到混凝土强度后进行桩体拆模。为了测试桩体轴力和弯矩随开挖过程和不同试验条件下的变化情况，在模型试验桩身粘贴应变片。

（2）填充土体　土体填充对整个试验起着至关重要的作用。本次试验采用分层填充、逐层夯实，填土的含水率控制在 10% 左右。每次填充土层虚铺厚度为150mm，用木夯将其夯至相对密实度为 0.8 左右，夯实土体后取模型试验箱的土体进行土工试验，获得其物理力学参数。土体填充与桩体埋设如图 5.12 所示。

（3）土压力盒布置　按照试验方案中的设定布置土压力盒，在土压力盒的上面用少量的干砂埋填。在每填充一定厚度的土体后就记录一次土压力盒的初始值。布置土压力盒如图 5.13 所示。

图 5.11　城市地下工程模型试验系统

图 5.12　土体填充和桩体埋设

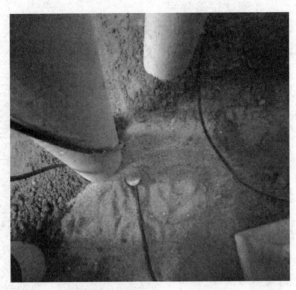

图 5.13　埋设土压力盒

（4）位移计布置　在模型试验中，使用位移计来监测桩顶水平和竖向位移的变化。使用磁力万向表座将位移计固定在预先固定的钢架上，并通过数据线将其与数据采集仪连接。

（5）静力加载　试验采用配重块加载，在配重下配加一块木板，避免使配重块与土体直接接触而施加集中荷载。根据相似理论按照缩比核算出 9 组试验各需的配重块数和配重块放置位置。

模型试验如图 5.14 所示，过程简述如下：

1）试验一。在土体开挖前，在桩体后 0.33m 处，配置 4 块配重块，使附加应力达到 3.2kPa。待各测试仪器件采集初始值后，开始第一次开挖，挖至 110mm 采集数据不再变化时，进行下步开挖，直至开挖到 800mm，每开挖一步采集一次数据。

2）试验二。在土体开挖前，在桩体后 0.5m 处，配置 4 块配重块，使附加应力达到 3.2kPa。待各测试仪器件采集初始值后，开始第一次开挖，挖至 110mm，采集数据不再变化时，进行下步开挖，直至开挖到 750mm，每开挖一步采集一次数据。

3）试验三。在土体开挖前，在桩体后 0.67m 处，配置 4 块配重块，使附加应力达到 3.2kPa。待各测试仪器件采集初始值后，开始第一次开挖，挖至 110mm，采集数据不再变化时，进行下步开挖，直至开挖到 700mm，每开挖一步采集一次数据。

4）试验四。在土体开挖前，在桩体后 0.33m 处，配置 4.5 块配重块，使附加应力达到 3.6kPa。待各测试仪器件采集初始值后，开始第一次开挖，挖至110mm，采集数据不再变化时，进行下步开挖，直至开挖到 750mm，每开挖一步采集一次数据。

5) 试验五。在土体开挖前，在桩体后0.5m处，配置4.5块配重块，使附加应力达到 3.6kPa。待各测试仪器件采集初始值后，开始第一次开挖，挖至110mm，采集数据不再变化时，进行下步开挖，直至开挖到 700mm，每开挖一步采集一次数据。

6) 试验六。在土体开挖前，在桩体后 0.67m 处，配置 4.5 块配重块，使附加应力达到 3.6kPa。待各测试仪器件采集初始值后，开始第一次开挖，挖至110mm，采集数据不再变化时，进行下步开挖，直至开挖到 800mm，每开挖一步采集一次数据。

图5.14　基坑开挖

7) 试验七。在土体开挖前，在桩体后0.33m处，配置5块配重块，使附加应力达到4.0kPa。待各测试仪器件采集初始值后，开始第一次开挖，挖至110mm，采集数据不再变化时，进行下步开挖，直至开挖到700mm，每开挖一步采集一次数据。

8) 试验八。在土体开挖前，在桩体后0.5m处，配置5块配重块，使附加应力达到4.0kPa。待各测试仪器件采集初始值后，开始第一次开挖，挖至110mm，采集数据不再变化时，进行下步开挖，直至开挖到800mm，每开挖一步采集一次数据。

9) 试验九。在土体开挖前，在桩体后0.67m处，配置5块配重块，使附加应力达到4.0kPa。待各测试仪器件采集初始值后，开始第一次开挖，挖至110mm，采集数据不再变化时，进行下步开挖，直至开挖到750mm，每开挖一步采集一次数据。

5.3　模型试验数据分析

9 组模型试验主要采集了桩顶水平位移、桩顶竖向位移和桩体应力的变化情况。分析此次模型试验中三因素三水平中哪个因素和水平对超深基坑受力变形的影响最重要，为以后的基坑设计和开挖提供参考。

模型试验选取两根桩作为主要监测对象，分别命名为模型 1 号桩和模型 2 号桩。模型 1 号桩位于基坑长边方向上，也是布置附加应力的一边；模型 2 号桩位于基坑宽度方向上，在此边没有布置附加应力。附加应力布置在模型 1 号桩的正后方。模型 1 号桩和 2 号桩的布置如图 5.15 所示。

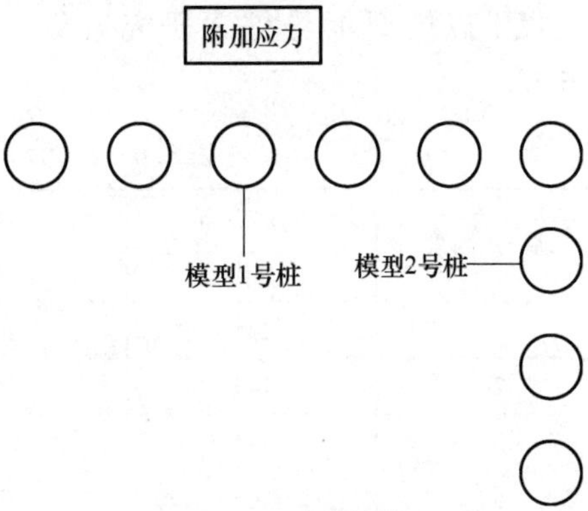

图 5.15　测试桩布置

5.3.1　桩顶水平位移

本次试验模拟不同附加应力和嵌固深度比基坑开挖对基坑围护桩的影响，根据相似处理的试验监测数据绘制桩顶水平位移随基坑开挖的变化曲线。

1. 模型 1 号桩

由于基坑土体的开挖破坏了基坑土体平衡，基坑内侧土压力减小，桩体受基坑内外侧不平衡力作用发生变形。由图 5.16 可知，模型 1 号桩桩顶水平位移随基坑开挖呈不断增大的趋势，横向比对各组试验可以看出，在不同工况下深基坑支护结构的受力变形大小不一，桩顶水平位移最大值为 – 15.23mm，最小值为 – 9.2mm，相比增大了 65.5%。模型试验中，将附加应力设置在模型 1 号桩正后方，通过正交试验研究附加应力对支护桩受力变形的影响，分析各个因素和水平的影响大小，并得出桩顶水平位移变形最小施工工况及最佳施工工况。

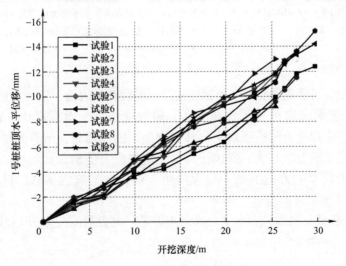

图 5.16　1 号桩桩顶水平位移

以下以模型 1 号桩为研究对象，对 9 组模型试验结果进行正交分析，见表 5.6。

表 5.6　桩顶水平位移正交试验分析

试验号/因素	附加应力 /kPa	力—桩距离 /m	插入深度比（嵌固深度/m）	桩顶水平位移 /mm
1	145	10	0.2 (5)	-12.39
2	145	15	0.3 (7)	-11.50
3	145	20	0.4 (9)	-9.20
4	165	10	0.3 (7)	-13.49
5	165	15	0.4 (9)	-11.73
6	165	20	0.2 (5)	-14.19
7	180	10	0.4 (9)	-12.99
8	180	15	0.2 (5)	-15.23
9	180	20	0.3 (7)	-13.53
合计	-33.09	-38.87	-41.81	-114.25
	-39.41	-38.46	-38.52	
	-41.75	-36.92	-33.92	
K_{1i}	-11.03	-12.96	-13.94	
K_{2i}	-13.14	-12.82	-12.84	
K_{3i}	-13.92	-12.31	-11.31	
R	2.89	0.65	2.63	

注：表中的 K_{11} 为三种不同力-桩距离、三种不同插入比（嵌固深度）下附加应力为 145kPa 时的桩顶沉降平均值；K_{12} 为三种不同附加应力、三种不同插入比（嵌固深度）下力-桩距离为 10m 时的桩顶沉降平均值；K_{13} 为三种不同附加应力、三种力—桩距离下插入比为 0.2（嵌固深度 5m）时的桩顶沉降平均值；$R = K_{imax} - K_{imin}$；其他 K_{2i}、K_{3i} 与 K_{1i} 相同。

使用正交分析法纵向比对 9 组试验桩顶水平位移最大值，通过分析可知：

1）三个影响因素由主到次排列为：附加应力、嵌固深度比（嵌固深度）、力—桩距离。附加应力对桩顶水平位移影响最大的原因是：地表附加应力越大传至地层中的附加应力就越大，再由土力学中附加应力传递和莫尔-库尔理论可知，作用在桩体上的水平方向上的力变大将引起桩体向基坑内偏移，桩顶水平位移变大。

2）对工程最有利即桩顶水平位移最小的是：地表附加应力为 145kPa、力—桩距离为 15m、嵌固深度比为 0.4。

2. 模型 2 号桩

由图 5.17 可知：模型 2 号桩桩顶水平位移随基坑开挖也呈不断增加的趋势，但是与模型 1 号桩相比，模型 2 号桩的变化速率要低于模型 1 号桩，大体变化趋势是一致的，且桩顶水平位移最大值也小于模型 1 号桩，最大值相比约差了 10%，这足以说明地表附加应力对基坑围护桩桩顶水平位移有较大影响。

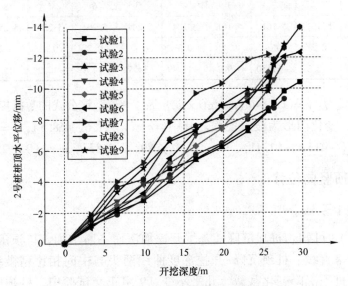

图 5.17　2 号桩桩顶水平位移

各组试验模型 1、2 号桩桩顶水平位移最大值对比表，见表 5.7。

表 5.7　桩顶水平位移最大值

试验编号	1	2	3	4	5	6	7	8	9
开挖深度/m	29.7	27.7	25.7	27.7	25.7	29.7	25.7	29.7	27.7
1 号桩/mm	−12.39	−11.50	−9.20	−13.49	−11.73	−14.19	−12.99	−15.23	−13.53
2 号桩/mm	−10.39	−9.30	−8.50	−11.69	−11.02	−12.30	−11.19	−13.93	−12.83

由表 5.7 可知，基坑围护桩不同嵌固深度对支护桩顶水平位移有较大的影响，嵌固深度越深桩顶水平位移越小。当嵌固深度比为 0.4 与嵌固深度比为 0.3，以及嵌固深度比为 0.3 和嵌固深度比为 0.2 之间的差值相比较小，并且嵌固深度比为 0.4 和 0.3 时桩顶最终水平位移变化量差别不大。这说明并非支护桩嵌固深度越深越好，考虑到基坑优化可以对支护桩嵌固深度比选择 0.3，这也和现场支护桩嵌固深度比选择一样。由此可以看出桩顶向基坑内部偏移的位移随着嵌固深度比的减小而增大，增大的速率随嵌固深度的增大而有所减缓。在相同的嵌固深度比下，

1号桩桩顶水平位移比2号桩平均大了13%左右，这表明基坑周围建构筑物引起的附加力对深基坑支护桩桩顶变形影响较大。

对9组试验中两因素（附加应力大小和嵌固深度比）对1号桩顶水平位移变化的影响规律进行经验公式拟合，其数值见表5.8。

表5.8 桩顶水平位移变化表

试验编号	1	2	3	4	5	6	7	8	9
附加应力（lg$G$）	5.161	5.161	5.161	5.204	5.204	5.204	5.255	5.255	5.255
嵌固深度比 μ	0.2	0.3	0.4	0.3	0.4	0.2	0.4	0.2	0.3
水平位移 y/mm	-12.39	-11.50	-9.2	-13.49	-11.73	-14.19	-12.99	-15.23	-13.53

拟合公式为：$y = a + b\sin(m\pi \lg G \times \mu) - ce^{-(w\mu)^2}$，该公式的数据拟合度能够达到0.8以上，变化图形为波浪曲面。其中，$a = (121.6, 468.5)$，$b = (-526.1, 1260)$，$c = (-413, -91.41)$，$m = (-0.4689, 0.2682)$，$w = (0.3925, 4.896)$。

5.3.2 桩顶竖向位移

1. 模型1号桩

由图5.18可知：桩顶沉降随基坑开挖加深而不断增加，桩顶沉降-开挖深度曲线大体呈直线。桩顶沉降-开挖深度曲线两头与中间相比稍微缓一些，到开挖深度后桩顶沉降变化甚微，几乎不变。9组正交试验中，桩顶竖向位移最大值为-6.09mm，最小值为-5.09mm，相差20%左右，这表明不同的地表附加应力和嵌固深度对桩顶竖向位移有一定的影响。为了进一步分析附加应力对桩顶竖向位移的影响，确定主要影响因素，通过正交分析表分析9组正交模型试验对桩顶竖直位移的影响，见表5.9。

表5.9 桩顶竖向位移正交试验分析

试验号/因素	附加应力/kPa	力—桩距离/m	插入深度比（嵌固深度/m）	桩顶竖直位移/mm
1	145	10	0.2（5）	-5.68
2	145	15	0.3（7）	-5.21
3	145	20	0.4（9）	-5.09
4	165	10	0.3（7）	-5.56
5	165	15	0.4（9）	-5.14
6	165	20	0.2（5）	-5.91
7	180	10	0.4（9）	-5.90
8	180	15	0.2（5）	-6.09

（续）

试验号/因素	附加应力 /kPa	力—桩距离 /m	插入深度比 （嵌固深度/m）	桩顶竖直位移 /mm
9	180	20	0.3 (7)	− 5.70
合计	− 15.98	− 17.14	− 17.68	− 50.28
	− 16.61	− 16.44	− 16.47	
	− 17.69	− 16.70	− 16.13	
K_{1i}	− 5.33	− 5.71	− 5.89	
K_{2i}	− 5.54	− 5.48	− 5.49	
K_{3i}	− 5.90	− 5.57	− 5.38	
R	0.57	0.23	0.50	

注：表中的 K_{11} 为三种不同力—桩距离、三种不同插入比（嵌固深度）下附加应力为 145kPa 时的桩顶沉降平均值；K_{12} 为三种不同附加应力、三种不同插入比（嵌固深度）下力—桩距离为 10m 时的桩顶沉降平均值；K_{13} 为三种不同附加应力、三种力—桩距离下插入比为 0.2（嵌固深度 5m）时的桩顶沉降平均值；$R = K_{imax} - K_{imin}$；其他 K_{2i}、K_{3i} 与 K_{1i} 相同。

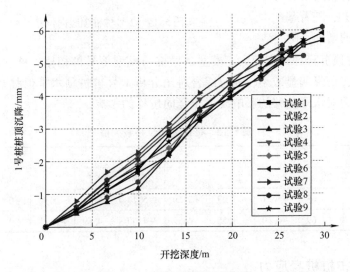

图 5.18　1 号桩桩顶竖向位移

通过正交分析可知：

1）三个影响因素由主到次排列为：附加应力、插入深度比（嵌固深度）、力—桩距离；附加应力对桩顶竖直位移（桩顶沉降）影响最大的原因是：地表附加应力越大引起桩体向基坑内侧偏移越多，桩顶沉降。

2）对工程最有利即桩顶竖直位移最小的是：地表附加应力为 145kPa、力—桩距离为 15m、嵌固深度比为 0.4。现场工况为：地表附加应力为 145kPa、力—桩距离为15m、嵌固深度比为0.3。嵌固深度不同是因为在现场工况中有桩顶冠梁、腰梁（3m布置一道）和锚索结构，这些结构都可以对支护桩起加固作用，并且从基坑优化方面选择嵌固深度比为0.3。

2. 模型2号桩

由图5.19可知，模型2号桩的桩顶沉降随开挖加深不断增大，变化曲线在开挖约6.6～18.8m这段最大，即中间开挖段大。在基坑开挖后段变化曲线比较平缓，总体看桩顶沉降-开挖深度曲线大体呈直线。

从图5.18、图5.19和表5.10可知，随着基坑开挖深度的增加，围

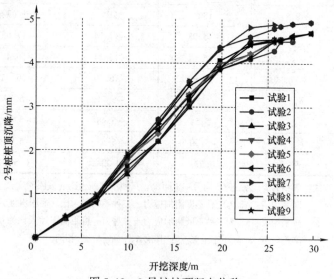

图5.19　2号桩桩顶竖向位移

护桩1、2桩顶沉降均相应变大。模型2号桩与模型1号桩相比，桩顶沉降在相同开挖深度时，沉降明显减小，通过综合对比分析1号桩桩顶水平位移和竖向位移，地表附加应力对水平位移的影响要大于竖向位移的影响。

表5.10　桩顶竖向位移最大值

试验编号	1	2	3	4	5	6	7	8	9
开挖深度/m	29.7	27.7	25.7	27.7	25.7	29.7	25.7	29.7	27.7
1号桩/mm	-5.68	-5.21	-5.09	-5.56	-5.14	-5.91	-5.90	-6.09	-5.70
2号桩/mm	-4.69	-4.60	-4.55	-4.59	-4.50	-4.69	-4.89	-4.93	-4.60

5.3.3　支护桩桩身应力

随着基坑开挖，桩锚支护桩桩后土压力不断变化，桩身应力也随着不断变化。当基坑开挖深度较浅时，桩体弯矩出现两个反弯点，并且随基坑开挖深度加大，两个反弯点位置向下移动。但开挖到一定深度时，随着桩体埋置长度减小，第二个反弯点消失，总体来说桩身弯矩-桩身长度曲线呈S形。通过支护桩桩身弯矩的变化曲线可以反映出桩体的变化形态，模型试验测试2根桩体的桩身应力的变化，通过转换得到桩身弯矩变化曲线，如图5.20所示。

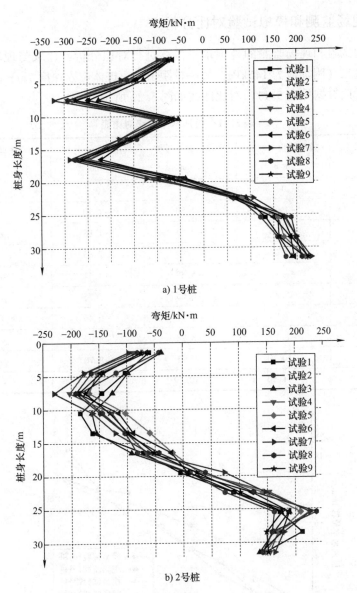

图 5.20　桩身弯矩随深度变化曲线

由图 5.20 可知，横向支撑设置在桩体 1/3 处，模型 1 号桩在相应位置都出现了曲线凹陷，这表明支撑起到了一定的作用。桩身有一个弯矩零点，比较图 5.20a、b 可以看出，模型 1 号桩的弯矩零点比模型 2 号桩的低一些，这是因为受到了横向支撑作用的影响。弯矩零点的大致范围为 17～22m。

5.3.4　现场监测和模拟试验对比分析

对模型试验和现场监测的桩顶水平位移进行对比分析，选取与现场工况一致的模型试验二（附加应力 145kPa，力—桩距 15m，桩体嵌固深度 7m）与之进行对比分析，对比数据见表 5.11，对比曲线如图 5.21 所示。

表 5.11　桩顶水平位移对比表

基坑开挖深度 /m	模型试验 1 号桩 /mm	现场监测 1 号桩 /mm	模型试验 2 号桩 /mm	现场监测 2 号桩 /mm
0	0	0	0	0
3.3	−1.18	−1.80	−1.20	−1.23
6.6	−1.95	−2.83	−1.88	−2.54
9.9	−3.63	−4.99	−2.83	−3.66
13.2	−4.51	−5.87	−4.41	−4.53
16.5	−5.85	−6.65	−5.75	−5.90
19.8	−7.86	−7.27	−6.46	−6.95
23.1	−8.10	−8.28	−8.00	−7.62
26.4	−10.50	−9.91	−8.70	−8.40
27.7	−11.50	−10.89	−9.30	−9.14

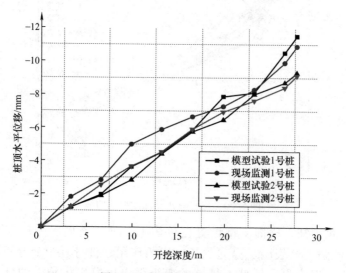

图 5.21　桩顶水平位移对比

由图 5.21 可知，现场监测和模型试验桩顶水平位移曲线图形相似，随基坑开挖大致都呈直线式增加。比较现场监测 1 号桩和模拟试验 1 号桩，在开挖初期现场监测桩顶水平位移比模型试验增加较快，但是在开挖后期模型试验比现场监测增加快，并且模拟试验 1 号桩桩顶最终水平位移为 − 11.50mm，现场监测 1 号桩桩顶水平位移为 − 10.89mm，相比增加了 0.61mm（6% 左右），这是因为在现场施工时基坑支护加了锚索，而模型试验未加设，这也从侧面反映了锚索对基坑支护结构变形有一定的限制作用。比较现场监测 2 号桩和模型试验 2 号桩桩顶水平位移，两桩顶水平位移大小相差较小，模型试验比现场监测大了 0.16mm。纵向比较现场监测两根桩，1 号桩桩顶水平位移为 − 10.89mm，2 号桩桩顶水平位移为 − 9.14mm，两者相差了 1.75mm，相比增大了约 19%。这是因为 1 号桩正后方有建筑物，而 2 号桩后没有建筑，这说明既有建筑物引起的附加应力对支护结构变形的影响较大，在基坑设计和施工时均要考虑既有建构筑物引起的地表附加应力对基坑变形的影响。

通过现场监测数据验证根据模型试验数据拟合的桩顶水平位移经验公式，现场工况为：附加应力为 145kPa，嵌固深度比为 0.3，将其代入公式 $y = a + b\sin(m\pi\lg G \times \mu) - ce^{-(w\mu)^2}$ 得桩顶水平位移为 − 12.88mm，其中 $a = 258.2$，$b = 431.3$，$c = 287.3$，$m = − 0.2734$，$w = 1.0312$。相比实测结果 − 10.89mm 大了 1.99mm，基本符合要求。

本章通过相似模拟试验，对基坑支护桩桩顶水平位移、竖向位移和桩体应力变化进行了探究，得出了在附加应力作用下基坑支护桩桩顶位移变化和桩体应力变化规律：

1）依据相似理论准则确定模型试验中几何相似比和重度相似比，根据 π 准则推出其他相似比，以及模型试验的尺寸、材料等，并进行试验。

2）在基坑开挖之初，桩顶水平位移、竖向位移和桩体应力变化速率均较大，随着开挖深度的增加，加设过横向支撑后变形速率逐渐变缓。

3）支护桩顶位移随基坑开挖深度的加深缓慢增大，且变形增加速率基本趋于稳定，没有较大的拐点。至基坑开挖完成后，桩顶水平趋于平稳。根据测试数据，利用 MATLAB 软件拟合了经验公式。

4）纵向正交分析比较 9 组模型试验结果可得，三个影响因素由主到次排列为：附加应力、嵌固深度比（嵌固深度）、力—桩距离，且附加应力越大，桩体嵌固越浅，桩顶位移越大。

第6章

膨胀土地层基坑支护结构
受力变形计算理论

深基坑工程由于涉及知识面较为广泛，区域性强，不确定因素较多。基坑工程中桩—撑支护结构的内力变形计算理论的研究取得了许多成果，但对于膨胀土地质条件下支护结构内力变形计算理论仍需进一步的研究与改进。因此，本章计划在传统方法上进一步深入研究基坑支护结构受力变形计算理论，找出适合膨胀土特殊地质条件下的基坑桩—撑支护结构的内力变形理论计算方法。

6.1 引言

如何做好支护结构的设计，保证开挖过程的安全性与稳定性，即控制支护结构的受力与变形在规范安全范围内，是基坑工程及周边环境安全的重要条件。在此基础上，既要设计合理，又要能节约造价、方便施工、缩短工期，一方面需要提高基坑工程的设计与施工水平，另一方面需要与实际工程结合起来，选择合适的岩土压力计算方法、合适的理论计算参数及合理的支护结构内力变形计算理论。只有通过理论分析计算确定了桩—撑支护结构的内力和变形，才能对基坑支护结构做出安全、稳定、经济的设计。基坑支护结构受力变形计算流程如图6.1所示。

基坑中桩体可以视为土中的柱桩结构，也可视为嵌入岩土层中的杆件结构，其在支护结构中分担的任务是承受竖向或水平向荷载。按受荷特点可将桩分为：受竖向荷载的桩、受上浮力后竖向拉力的桩、受弯扭作用

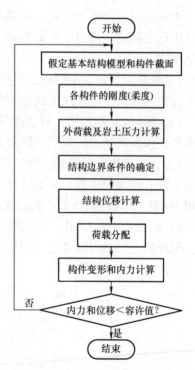

图6.1 基坑支护结构受力变形计算流程

的桩、受横向荷载作用的桩，以及上述两种或两种以上荷载综合作用的桩。

根据桩的受荷特点，其失稳破坏形态可以分为：

1）考虑结构整体性的连接桩构件的受拉破坏。

2）桩材料在综合荷载作用下的屈服或破坏。

3）较大荷载情况下桩尖的刺入破坏。

4）以上破坏形态的组合或过大变形。

实际工程中常见的桩体破坏形态为前两种，这也是支护结构设计中安全稳定性考虑的重点。

6.2　桩体微分方程的推导

支护结构的受力变形是基坑稳定性控制的重点之一，也是基坑设计和施工过程中重点关注的问题。深基坑施工主要由土方开挖及支护结构体系的施工两部分组成，并且有着地质情况复杂多变、施工技术要求高、对周围建筑和交通环境影响大等特点。在深基坑各种支护结构中，排桩—钢支撑支护形式的适应性广泛，对环境影响程度小，并有很好的有效控制基坑内力变形能力的特点，被广泛应用在基坑支护工程中。目前，基坑桩-撑支护结构体系的内力和变形计算方法基本是由桩基础理论计算中常用的线弹性地基梁法发展来的，也有采用结构力学中荷载结构分析法的连续梁计算方法。上述计算方法均将支护结构简单地看成杆件结构，计算简单明确，计算成本低，但没有考虑开挖过程及现场复杂地质条件下的影响，所得计算结果很难真正反映基坑工程实际，与实际情况对比结果较保守。因此，在基坑支护结构受力变形计算过程，应结合实际基坑工程的具体情况，对计算方法做出相应的调整，从而得到适合对应工程实际的计算分析理论。

本章研究的深基坑工程处于膨胀性岩土复合地层中，因土层与岩层在物理与力学性质上的较大差异性，在支护桩的内力与变形理论计算时应在膨胀土分界处做相应调整，同时考虑基坑开挖过程的影响，即在各施工工况下，以基坑开挖面及特殊地层分界面为节点将桩体分段，基于弹性地基梁法分别建立适合各段的理论计算方法，最后得到工程背景下的桩—撑支护结构内力变形的计算方法。

6.2.1　开挖面以下桩身的挠曲微分方程推导

下面基于线弹性地基反力法，其原理为假定土体为弹性体，基坑开挖面以下桩体受力产生变形后，桩后土体会施加给桩一个反力作用，即地基反力，通过微积分法在梁的弯曲理论基础上推导出开挖面以下桩的挠曲微分方程。

基坑开挖面以下桩埋在土体中，因基坑开挖卸载后受到土体侧向荷载作用，桩体受力产生内力与变形，桩体变形反方向土体在受压作用下产生连续的地基反力。理论推导中，为适应数学运算中的习惯，取横向坐标轴为 y，竖向为 x，荷载取为外荷载与土侧向荷载的合力，假设在桩挠度作用下产生的地基反力大小与深度 x 及桩体变形值 y 相关。基坑开挖面以上由于桩体已有变形作用，因此在开挖面处桩将受到水平力 Q_0 及力矩 M_0 初始条件作用，设由开挖面以上土体荷载作用在单位长度桩上的荷载函数表示为 $\bar{q}(x)$，反力函数表示为 $\bar{p} = \bar{p}(x,y)$。基坑开挖面以下桩身受力示意图及计算坐标方向如图6.2所示。

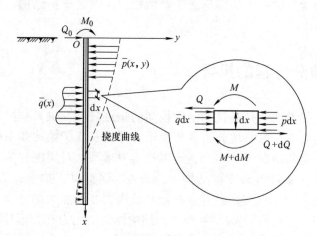

图6.2 桩身受力方向及单元体受力平衡

为分析桩体受力情况，在桩所受分布荷载 $\bar{q}(x)$ 区域取一微元 $\mathrm{d}x$，对该单元体进行受力分析，图6.2放大框内为微段 $\mathrm{d}x$ 水平方向的受力平衡图。为保持内力与变形方向计算与传统方法的一致性，图6.3为其具体正方向规定。

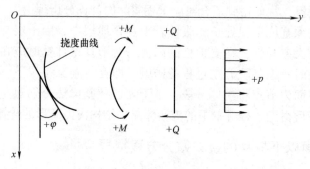

图6.3 变形和内力的正方向

分析图6.2中微元水平方向的受力，建立其内力平衡方程

$$(Q + \mathrm{d}Q) - Q - \bar{p}(x,y)\,\mathrm{d}x + \bar{q}(x)\,\mathrm{d}x = 0 \tag{6.1}$$

化解得到

$$\frac{dQ}{dx} = \bar{p}(x,y) - \bar{q}(x) \tag{6.2}$$

由弯矩 M 与剪力 Q 的关系 $Q = \dfrac{dM}{dx}$ 得

$$\frac{dQ}{dx} = \frac{d}{dx}\left(\frac{dM}{dx}\right) = \frac{d^2 M}{dx^2} = \bar{p}(x,y) - \bar{q}(x) \tag{6.3}$$

根据材料力学中挠度与弯矩关系，挠度 y 的二阶微分 $\dfrac{d^2 y}{dx^2}$ 符号与弯矩 M 常常是相反的，因为桩的挠度单位 mm 与为桩体长度单位 m 相差三个位数大小，得到的桩体水平位移曲线一般较平坦，因此对挠度 y 的一阶微分取平方得到的 $\left(\dfrac{dy}{dx}\right)^2$ 值与 1 相比基本可以忽略不计，故可以将弯曲微分方程近似写成

$$\frac{d^2 y}{dx^2} = -\frac{M}{EI} \tag{6.4}$$

若假定分析段桩体结构为等截面直桩，则桩体的惯性矩 I 为常量，即桩结构的弯曲刚度 EI（ E 表示桩材料的弹性模量）为常量，将式(6.4)代入式(6.3)中得到

$$\frac{d^2 M}{dx^2} = \frac{d^2}{dx^2}\left(-EI\frac{d^2 y}{dx^2}\right) = -EI\frac{d^4 y}{dx^4} = \bar{p}(x,y) - \bar{q}(x) \tag{6.5}$$

$$EI\frac{d^4 y}{dx^4} + \bar{p}(x,y) = \bar{q}(x) \tag{6.6}$$

即得开挖面下任意荷载大小时桩的挠曲微分方程表达式为

$$EI\frac{d^4 y}{dx^4} + p(x,y) = q(x) \tag{6.7}$$

式中， $q(x)$ 为荷载函数，与深度 x 及外荷载相关； $p = p(x,y)$ ，表示岩土地基反力函数，其分布情况与桩体深度 x 及桩变形大小 y 密切相关。

对于膨胀性岩土地层， $q(x)$ 与 $p = p(x,y)$ 两个函数分布情况的确定将在后续章节做更详细的阐述。

6.2.2　开挖面以上桩身挠曲微分方程推导

基坑开挖面以上由于土体开挖卸载，相比开挖面以下桩体没有岩土抗力函数 $p(x,y)$ 的作用，只受到基坑外侧岩土体侧向荷载，假设开挖面以上桩体在外荷载与侧向岩土压力下受到线性分布形式侧压力作用，即随深度 x 变化函数可表示为

$$\bar{q}(x) = q_0 + n_0 x \tag{6.8}$$

由式(6.8)看出，开挖面以上桩体受力分布形式可看成一梯形荷载作用，即荷载由一个均布荷载 q_0 与一个三角形分布荷载 n_0 组合而得，其中 n_0 表示的是三角形分布荷载随着深度 x 变化的斜率大小， $n_0 = (q_x - q_0)/x$ 。

桩受力变形时，由于开挖面以上不像土中桩体有土抗力 $p(x,y)$ 作用，因此相当于式(6.6)中 $\bar{p}(x,y) = 0$ 的情况，基坑开挖面以上桩体段的挠曲微分方程表达式为

$$EI\frac{\mathrm{d}^4 y}{\mathrm{d}x^4} = \bar{q}(x) \tag{6.9}$$

将式(6.8)的梯形荷载函数代入式(6.9)中，得到基坑开挖面以上桩体受梯形荷载作用下的挠曲微分方程为

$$EI\frac{\mathrm{d}^4 y}{\mathrm{d}x^4} = q_0 + n_0 x \tag{6.10}$$

开挖面以上桩体计算所用坐标方向与梯形受力形式如图6.4所示。

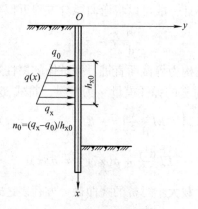

图6.4　坐标系统与梯形受力形式

式(6.10)为四阶常系数线性齐次微分方程，微分方程的通解可通过分步求微分的方法解出，若用 A_1、A_2、A_3、A_4 四个待定积分常量分别表示分步积分过程中得到的常数项，常数项可通过桩端边界条件、桩体分段处的变形连续条件及力的平衡条件联合求解得到，则桩体受到梯形荷载作用下的挠曲微分方程分步微分计算结果见式

$$\begin{cases} y = A_1 + A_2 x + A_3 x^2 + A_4 x^3 + \dfrac{1}{EI}\left(\dfrac{1}{24}q_0 x^4 + \dfrac{1}{120}n_0 x^5\right) \\[2mm] y' = A_2 + 2A_3 x + 3A_4 x^2 + \dfrac{1}{EI}\left(\dfrac{1}{6}q_0 x^3 + \dfrac{1}{24}n_0 x^4\right) \\[2mm] y'' = 2A_3 + 6A_4 x + \dfrac{1}{EI}\left(\dfrac{1}{2}q_0 x^2 + \dfrac{1}{6}n_0 x^3\right) \\[2mm] y''' = 6A_4 + \dfrac{1}{EI}\left(q_0 x + \dfrac{1}{2}n_0 x^2\right) \end{cases} \tag{6.11}$$

为运算时方便，将解式(6.11)用矩阵形式表示如下

$$
\begin{bmatrix} y \\ y' \\ y'' \\ y''' \end{bmatrix} = \begin{bmatrix} 1 & x & x^2 & x^3 \\ 0 & 1 & 2x & 3x^2 \\ 0 & 0 & 2 & 6x \\ 0 & 0 & 0 & 6 \end{bmatrix} \begin{bmatrix} A_1 \\ A_2 \\ A_3 \\ A_4 \end{bmatrix} + \frac{1}{EI} \begin{bmatrix} \dfrac{1}{24}q_0 x^4 + \dfrac{1}{120}n_0 x^5 \\[2mm] \dfrac{1}{6}q_0 x^3 + \dfrac{1}{24}n_0 x^4 \\[2mm] \dfrac{1}{2}q_0 x^2 + \dfrac{1}{6}n_0 x^3 \\[2mm] q_0 x + \dfrac{1}{2}n_0 x^2 \end{bmatrix} \tag{6.12}
$$

对于等式(6.12)中右边第二部分，可令

$$
\begin{cases} \dfrac{1}{24}q_0 x^4 + \dfrac{1}{120}n_0 x^5 = \dfrac{1}{6}\displaystyle\int_0^x \overline{q}(\xi)(x-\xi)^3 \mathrm{d}\xi = T(x) \\[3mm] \dfrac{1}{6}q_0 x^3 + \dfrac{1}{24}n_0 x^4 = \dfrac{1}{2}\displaystyle\int_0^x \overline{q}(\xi)(x-\xi)^2 \mathrm{d}\xi = S(x) \\[3mm] \dfrac{1}{2}q_0 x^2 + \dfrac{1}{6}n_0 x^3 = \displaystyle\int_0^x \overline{q}(\xi)(x-\xi) \mathrm{d}\xi = R(x) \\[3mm] q_0 x + \dfrac{1}{2}n_0 x^2 = Q(x) \end{cases} \tag{6.13}
$$

式(6.13)中的 $T(x)$、$S(x)$、$R(x)$、$Q(x)$ 物理意义为桩的荷载函数，同时也可称为荷载作用下与桩体变形及内力相关的函数，其解可以通过分步积分法求得。此时式(6.12)可用该荷载函数矩阵形式表示为

$$
\begin{bmatrix} y \\ y' \\ y'' \\ y''' \end{bmatrix} = \begin{bmatrix} 1 & x & x^2 & x^3 \\ 0 & 1 & 2x & 3x^2 \\ 0 & 0 & 2 & 6x \\ 0 & 0 & 0 & 6 \end{bmatrix} \begin{bmatrix} A_1 \\ A_2 \\ A_3 \\ A_4 \end{bmatrix} + \frac{1}{EI} \begin{bmatrix} T(x) \\ S(x) \\ R(x) \\ Q(x) \end{bmatrix} \tag{6.14}
$$

假设桩体结构在 $b < x < a$ 范围受梯形分布的局部荷载作用，由式(6.14)可知，此时相当于桩体受到局部荷载函数的作用，荷载函数的求解可在 $b < x < a$ 的范围内通过式(6.13)分步积分法求得，因此当桩体受梯形局部荷载作用时，桩的荷载函数可表示为式(6.15)，受均布荷载时相当于取 $q(x)$ 中的 $n_0 = 0$。

$$
\begin{cases} Q(a) = \displaystyle\int_0^a \overline{q}(x) \mathrm{d}x \\[3mm] R(a) = \displaystyle\int_0^a \overline{q}(x)(a-x) \mathrm{d}x \\[3mm] S(a) = \dfrac{1}{2}\displaystyle\int_0^a \overline{q}(x)(a-x)^2 \mathrm{d}x \\[3mm] T(a) = \dfrac{1}{6}\displaystyle\int_0^a \overline{q}(x)(a-x)^3 \mathrm{d}x \end{cases} \tag{6.15}
$$

桩体局部受载形式及坐标系统规定如图 6.5 所示。

关于荷载函数之间的联系，由材料力学中梁的挠曲微分方程关系可知，转角 φ、弯矩 M、剪力 Q 和荷载 p 存在微分关系如下

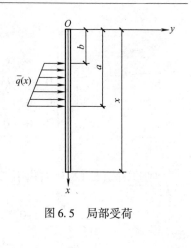

图 6.5　局部受荷

$$\begin{cases} \varphi = \dfrac{\mathrm{d}y}{\mathrm{d}x} \\[2mm] M = EI\dfrac{\mathrm{d}^2 y}{\mathrm{d}x^2} \\[2mm] Q = \dfrac{\mathrm{d}M}{\mathrm{d}x} \\[2mm] p = \dfrac{\mathrm{d}Q}{\mathrm{d}x} \end{cases} \qquad (6.16)$$

式(6.14)中结构的荷载函数 $T(x)$、$S(x)$、$R(x)$、$Q(x)$ 的物理意义为：$Q(x)$ 表示支护桩体任意深度 x 位置处受到的剪力；$R(x)$ 表示支护桩体受侧向荷载作用下任意深度 x 位置处的转动力矩和大小；$S(x)/EI$ 表示桩体任意深度 x 位置相对于桩端头处的倾角大小；$T(x)/EI$ 表示桩体任意深度 x 位置相对桩头原点处位移。

因此，只要已知荷载函数 $\bar{q}(x)$ 与深度 x 的关系，通过以上解答并结合边界条件及变形连续条件求得待定参数，则可计算得到桩体任意深度位置 x 处的剪力 Q、弯矩 M、转角 φ 及挠度 y。

6.2.3　膨胀性岩土地层抗力函数 $p=p(x,y)$ 的确定

抗力函数 $p(x,y)$ 是在开挖面以下桩体受力后发生挠曲变形使土体产生的一个反方向的抗力分布函数，其大小与桩身刚度与变形、桩体埋深、桩体周围土体物理力学性质及外部荷载等因素有关。因此，在深基坑支护结构受力变形理论计算中，如何正确地确定基坑开挖面以下桩体变形作用产生的抗力大小，对桩身整体内力和变形的计算至关重要。

当桩身受力产生挠曲时，若挠度大小为 y，将抗力函数其他的影响因素用 K 表示，此时可将抗力函数 $p(x,y)$ 形式表示为

$$p(x,y) = Kb_0 y \qquad (6.17)$$

式中，b_0 表示桩体内力变形计算宽度，可根据《建筑桩基技术规范》[216] 取值：当围护桩结构为方形排桩时 $b_0 = 1.5b + 0.5$（b 为桩的截面边长）；若为圆形排桩时 $b_0 = 0.9(1.5d + 0.5)$（d 为桩的截面直径）。最终计算确定得出的桩体内力变形计算宽度应小于等于排桩中心距。

假设土抗力模数 K 为桩体结构计算深度 x 的 n 次幂函数同一个与土质相关的比

例系数 $m(m > 0)$ 的乘积形式，则土抗力模数 K 可表示为

$$K = mx^n \qquad (6.18)$$

式中，m 为与土质有关的比例系数（$m > 0$），可查询工程勘察报告或《桩基工程手册》[217]；x 为桩体结构的计算深度。

x 的指数 n 取不同的值，可得到不同的土抗力分布形式，对于常见的线弹性地基梁反力法，n 取 0 时，称为张有龄法或常数法，其假设土抗力模数 K 的大小与深度 x 无关；n 取 1 时，为我国建筑和公路等许多行业规范中常用的"m"法，即假设土抗力模数为深度 x 的一次函数关系；n 取 0.5 时，为陕西交通科学院 1974 年提出的我国公路规范中的推荐方法，该土抗力模数 K 分布形式在沙性软土中较为适用；为适合更为复杂与广泛的情况，有将指数 n 假定为任意值时的双参数法，由我国著名学者吴恒立提出[218]。

以上各计算方法中，为了简便计算，大都将土抗力模数 K 看成沿桩体深度方向连续分布的形式，但在实际工程中，地下地质分布较为复杂，各土层间的物理力学性质也存在一定的差异，特别是膨胀土的地质条件下，不能再将土抗力模数 K 看成连续分布的函数，应当分段进行考虑。

土层中，土抗力模数 K 的分布为

$$K_1 = m_1 x^n$$

式中，m_1 为土层中的土抗力模数的比例系数；由于岩层埋深较大，且自身有一定强度，设岩层中的抗力模数 K 为常数，即 $K_2 = m_2$，m_2 为岩层中土抗力模数的比列系数。土抗力模数 K_i 分段分别确定的方法如图 6.6 所示。

由图 6.6 中看出，土抗力模数 K 在岩层与土层分界面 $x = t$ 处发生突变而不连续。

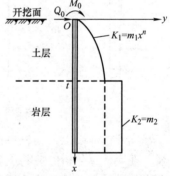

通过以上简化，最终抗力函数 $p(x, y)$ 表示为

$$p(x, y) = \begin{cases} m_1 x_1^n b_0 y & (x < t) \\ m_2 b_0 y & (x \geq t) \end{cases} \qquad (6.19)$$

图 6.6　土抗力模数 K 的分段确定

将反力函数 $p(x, y)$ 经过分段假设后，可以充分考虑膨胀土地层条件的影响，使桩体挠曲微分方程更加接近工程实际。

6.3　考虑开挖过程影响的分段独立坐标法

实际工程中，桩—撑支护结构的内力及变形是随着工况的推进而不断变化的，因此在理论计算中，不能忽略基坑开挖过程对支护结构内力和变形的影响。所以，

在上一节推导出的桩—撑支护结构桩体的挠曲微分方程基础上，将基坑开挖过程的影响考虑进去，对桩—撑支护结构的内力与变形进行计算分析。

图 6.7 表示桩—撑支护结构在四个工况下桩体水平位移随侧向荷载发展的情况，P_l 与 P_l' 表示基坑开挖面以下在上部土体重力作用下荷载产生在桩侧的超载侧向压力大小，其中 P_l 表示土层中桩体受的超载侧压力，P_l' 表示岩层中桩体受到的超载侧压力。由图中不同工况下桩体变形发展可看出，桩身在不同工况下各支撑架设前对应位置处已产生了一定的初变位，分别用 δ_{10}、δ_{20}、δ_{30} 表示各支撑安置前的初变位大小。因此，若将下一工况下各支撑前各位置处的桩体水平初变位大小表示为 δ_{i0}，并将该初变位 δ_{i0} 引入下一工况基坑的开挖计算中去，则各支撑位置处桩体的实际弹性压缩变形为下一工况计算出的桩支撑位置处的变位减去该支撑位置处的桩体的初变位，因此支撑的实际工作反力为支撑处的桩体实际弹性压缩量与支撑刚度的乘积，并将该支撑力引入下一工况的内力变形计算中去。这种考虑各工况下支撑位置处的初变位的方法即考虑基坑开挖过程影响的方法。

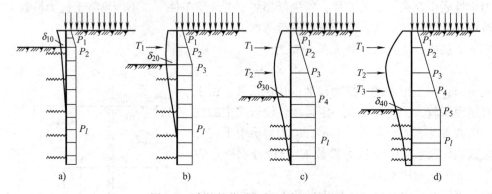

图 6.7　支护桩位移与侧压力发展过程

基坑开挖面以上，在桩—撑支护结构共同作用下，支护结构的受力变形较为复杂，理论计算分析时应将支护结构受力形式进行简化，可用一带有弹性支座的集中力来代替支护结构中支撑力的作用。为了得到更接近工程实际的桩体挠度微分方程，将支撑等支护结构位置、土层分界面、岩土层分界及开挖面位置处作为分节点，将桩体结构分成若干桩单元，各桩单元分别建立各自独立的笛卡儿坐标系，分段建立桩体挠曲微分方程并分段求解。在桩—撑组合支护结构体系中采用的分段独立坐标法的桩体内力与变形计算模型如图 6.8 所示。

计算分析时的基本假设如下：

1）桩体受力产生的挠曲略去了剪力的影响，假定其主要由弯矩引起的。由结构力学梁的弯曲变形特性可知，当桩体结构的长径比远远大于 8 时，可将桩身挠度变形看成主要由弯矩引起的。

2）将桩—撑支护结构体系中的支撑假设为一带有弹性支座的集中力 R 的作用，

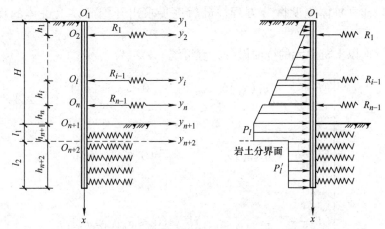

图 6.8　分段坐标法的桩体内力与变形计算模型

支撑弹性作用于桩体，该作用力与对应位置处桩体实际弹性位移成线性关系，即

$$R = R_0 + Gy$$

式中，R_0 为支撑预加轴力；G 为支撑材料的刚度；y 为考虑开挖过程影响的支撑处桩身的实际弹性变形。

3）将基坑开挖面下桩体假定为文克尔（Winkler）弹性地基梁单元模型，即弹性变形下桩身上任一点的压力强度与该点的位移成正比关系

$$\sigma = Cy$$

式中，y 为位移；C 为地基系数或基床系数（kN/m^3），是一个反映土体"弹性"的指标，影响因素有土体类别、物理力学性质等。

4）与桩的长度 H 相比，桩的位移 x 比较微小，即桩体水平位移满足 $\Delta \leq 0.15\%$。

6.3.1　开挖面以上桩体挠度的计算

基坑开挖面以上桩体，由于桩—撑组合支护结构体系的支护作用使得支护结构的内力变形变得复杂，因此采用上述桩体分段的独立坐标法进行求解计算。若基坑支护结构有 n 道支撑时，开挖面以上部分桩体可被分为 $n + 1$ 段桩单元体，分段点在各支撑位置及土层分界面处，各段桩单元分别建立一个独立坐标系，取第 i 段桩单元进行受力分析，如图 6.9

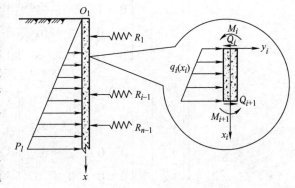

图 6.9　桩单元受力情况

所示，分段建立桩体挠度微分方程，最后逐步求出开挖面以上桩体的挠度微分方程。

则开挖面以上桩单元的挠曲微分方程可统一表示为

$$
\begin{cases}
EI\dfrac{\mathrm{d}^4 y_1}{\mathrm{d}x_1^4} = q_1(x_1)b_s & (0 \leqslant x_1 \leqslant h_1) \\[6pt]
\cdots \\[4pt]
EI\dfrac{\mathrm{d}^4 y_i}{\mathrm{d}x_i^4} = q_i(x_i)b_s & (0 \leqslant x_i \leqslant h_i) \\[6pt]
\cdots \\[4pt]
EI\dfrac{\mathrm{d}^4 y_{n+1}}{\mathrm{d}x_{n+1}^4} = q_{n+1}(x_{n+1})b_s & (0 \leqslant x_{n+1} \leqslant h_{n+1})
\end{cases}
\tag{6.20}
$$

式中，EI 为桩体刚度；$q_i(x_i)$ 为深度 x_i 处的主动岩土压力分布强度；b_s 为 $q_i(x_i)$ 的计算宽度（b_s 取桩中心距）；h_i 为 O_i 到 O_{i+1} 间的距离。

微分方程组（6.20）的通解可表示为式（6.21）与式（6.22）

$$
\begin{cases}
T_n(x_n) = \dfrac{1}{6}b_s \displaystyle\int_0^{x_n} \overline{q_n}(\xi_n)(x_n - \xi_n)^3 \mathrm{d}\xi_n \\[10pt]
S_n(x_n) = \dfrac{1}{2}b_s \displaystyle\int_0^{x_n} \overline{q_n}(\xi_n)(x_n - \xi_n)^2 \mathrm{d}\xi_n \\[10pt]
R_n(x_n) = b_s \displaystyle\int_0^{x_n} \overline{q_n}(\xi_n)(x_n - \xi_n)\mathrm{d}\xi_n \\[10pt]
Q_n(x_n) = b_s \displaystyle\int_0^{x_n} \overline{q_n}(\xi_n)\mathrm{d}\xi_n
\end{cases}
\tag{6.21}
$$

$$
\begin{cases}
\begin{bmatrix} y_1 \\ y_1' \\ y_1'' \\ y_1''' \end{bmatrix} =
\begin{bmatrix} 1 & x_1 & x_1^2 & x_1^3 \\ 0 & 1 & 2x_1 & 3x_1^2 \\ 0 & 0 & 2 & 6x_1 \\ 0 & 0 & 0 & 6 \end{bmatrix}
\begin{bmatrix} A_{11} \\ A_{12} \\ A_{13} \\ A_{14} \end{bmatrix} + \dfrac{1}{EI}
\begin{bmatrix} T_1(x_1) \\ S_1(x_1) \\ R_1(x_1) \\ Q_1(x_1) \end{bmatrix} \\[30pt]
\qquad\qquad\qquad\qquad \cdots \\[20pt]
\begin{bmatrix} y_n \\ y_n' \\ y_n'' \\ y_n''' \end{bmatrix} =
\begin{bmatrix} 1 & x_n & x_n^2 & x_n^3 \\ 0 & 1 & 2x_n & 3x_n^2 \\ 0 & 0 & 2 & 6x_n \\ 0 & 0 & 0 & 6 \end{bmatrix}
\begin{bmatrix} A_{n1} \\ A_{n2} \\ A_{n3} \\ A_{n4} \end{bmatrix} + \dfrac{1}{EI}
\begin{bmatrix} T_n(x_n) \\ S_n(x_n) \\ R_n(x_n) \\ Q_n(x_n) \end{bmatrix}
\end{cases}
\tag{6.22}
$$

在考虑开挖过程影响的方法中，第一阶段钢支撑尚未安置时，若解方程得支撑处位移为 $[x_1]_{x_1 = h_1}$ ，它就是第一道支撑处的初变位 δ_{10} ，即

$$\delta_{10} = [x_1]_{x_1 = h_1}$$

下一个工况，由方程可以求出第一道支撑位置处的位变为 δ'_{10} ，同样可以求得第二道支撑预定位置处的初变位 $[x_2]_{x_2 = h_2}$ ，它就是第二道支撑处的初变位 δ_{20} ，即

$$\delta_{20} = [x_2]_{x_2 = h_2}$$

由上求出的各支撑处的弹性变位，即第 n 道支撑的反力大小为

$$R_n = R_{n0} + G_n(\delta'_{n0} - \delta_{n0}) \tag{6.23}$$

式中， δ'_{n0} 为第 n 道支撑处的位变； δ_{n0} 为第 n 道支撑处的初变位； R_{n0} 为第 n 道支撑的预加轴力； G_n 为对应 n 道支撑材料的刚度。

6.3.2　开挖面以下桩体挠度的计算

开挖面以下桩体可以看成一个竖向放置的受分布荷载作用的弹性地基梁，因开挖面以上桩体受力变形使开挖面以下桩体结构在原点位置受一个弯矩 M_0 与一个剪力 Q_0 作用，从而使得开挖面以下桩体产生内力和变形，基坑开挖面以下段桩体挠度计算模型如图 6.10 所示。

由于膨胀性岩土地层条件下的反力函数 $p(x, y)$ 的分布规律也不相同，根据上节阐述的抗力函数 $p(x, y)$ 分段考虑法，当开挖面以下存在岩层与土层时，可将桩分为 2 段，不同段的抗力模数分布如图 6.6 所示，基坑开

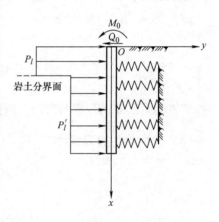

图 6.10　开挖面以下计算模型

挖面以下土层部分的抗力函数 $p(x, y)$ 为深度的 n 次方幂函数分布，则土中桩体的挠度方程为

$$EI \frac{\mathrm{d}^4 y_1}{\mathrm{d} x_1^4} = P_l b_s - m_1 x_1^n b_0 y_1 \tag{6.24}$$

岩层中，抗力函数 $p(x, y)$ 与深度无关，则桩体挠度微分方程为

$$EI \frac{\mathrm{d}^4 y_2}{\mathrm{d} x_2^4} = P_l' b_s - m_2 b_0 y_2 \tag{6.25}$$

式中， m_1 和 m_2 的取值可根据相应的工程勘察报告与相关规范来进行取值。

6.4 桩体挠度方程的求解

6.4.1 边界条件的确定

想要得到方程（6.20）、方程（6.24）及方程（6.25）的数值解，其中积分得到的任意常数需通过桩体结构的四个边界条件和分段处的变形连续条件来共同解出。桩端的几种边界条件如下：

（1）固定端的边界条件

$$\begin{cases} 横向位移 \quad y = 0 \\ 转角\ \theta = 0, 故\dfrac{\mathrm{d}y}{\mathrm{d}x} = 0 \end{cases} \tag{6.26}$$

如固定端有已知的转角与位移，位移 $y =$ 已知值，转角 $\mathrm{d}y/\mathrm{d}x =$ 已知值。

（2）简支端的边界条件

$$\begin{cases} 横向位移 \quad y = 0 \\ 弯矩\ M = 0, 故\dfrac{\mathrm{d}^2 y}{\mathrm{d}x^2} = 0 \end{cases} \tag{6.27}$$

如桩端有已知的位移与弯矩，则位移 $y =$ 已知值，弯矩 $\dfrac{\mathrm{d}^2 y}{\mathrm{d}\,x^2} =$ 已知值。

（3）自由端的边界条件

$$\begin{cases} 弯矩\ M = 0, 故\dfrac{\mathrm{d}^2 y}{\mathrm{d}x^2} = 0 \\ 剪力\ Q = 0, 故\dfrac{\mathrm{d}^3 y}{\mathrm{d}x^3} = 0 \end{cases} \tag{6.28}$$

如桩端有已知的弯矩与剪力，则弯矩 $\dfrac{\mathrm{d}^2 y}{\mathrm{d}\,x^2} =$ 已知值，剪力 $\dfrac{\mathrm{d}^3 y}{\mathrm{d}\,x^3} =$ 已知值。此种情况适用于桩顶无受力作用或桩底有软弱层时。

6.4.2 挠度方程的求解

在考虑开挖过程影响的分层分段独立坐标法中，桩体被分为了多段，解桩挠度方程时考虑桩体结构的整体性，桩段之间可以应用桩体变形连续条件及力的平衡条件解出。

设深基坑桩—撑支护结构体系共有 n 道支撑，开挖面以上桩体被分为 $n+1$ 段桩单元，开挖面以下桩体分为两段桩单元，即桩体总共被分为了 $n+3$ 段桩单元，则桩体整个挠度微分方程组可表示为

$$
\begin{cases}
EI\dfrac{\mathrm{d}^4 y_1}{\mathrm{d}x_1^4} = q_1(x_1)b_s & (0 \leqslant x_1 \leqslant h_1) \\[2ex]
\quad\vdots \\[2ex]
EI\dfrac{\mathrm{d}^4 y_i}{\mathrm{d}x_i^4} = q_i(x_i)b_s & (0 \leqslant x_i \leqslant h_i) \\[2ex]
\quad\vdots \\[2ex]
EI\dfrac{\mathrm{d}^4 y_{n+1}}{\mathrm{d}x_{n+1}^4} = q_{n+1}(x_{n+1})b_s & (0 \leqslant x_{n+1} \leqslant h_{n+1}) \\[2ex]
EI\dfrac{\mathrm{d}^4 y_{n+2}}{\mathrm{d}x_{n+2}^4} = P_l b_s - m_1 x_{n+2}^n b_0 y_{n+2} & (0 \leqslant x_{n+2} \leqslant h_{n+2}) \\[2ex]
EI\dfrac{\mathrm{d}^4 y_{n+3}}{\mathrm{d}x_{n+3}^4} = P_l' b_s - m_2 b_0 y_{n+3} & (0 \leqslant x_{n+3} \leqslant h_{n+3})
\end{cases}
\tag{6.29}
$$

当 $0 \leqslant x_{n+2} \leqslant h_{n+2}$ 时，即基坑开挖面至岩土分界面区间，土抗力函数分布规律为式(6.19)。当 $x < t$ 时，桩体挠度微分方程为式(6.24)，其形式为四阶变系数非齐次微分方程，根据式(6.16)给出的微分方程与桩体各物理量之间的关系，可将开挖面以下桩体的变形与内力微分方程的解用端点处初始值形式来表示。

设独立的笛卡儿坐标系中 $x = 0$ 位置桩体的剪力、弯矩、转角、位移值分别为 Q_0、M_0、φ_0、y_0，设挠度微分方程（6.24）解的幂级数形式为

$$
y_1 = \sum_{i=0}^{\infty} a_i y_1^i = a_0 + a_1 y_1 + a_2 y_1^2 + \cdots + a_i y_1^i + \cdots
\tag{6.30}
$$

式中，a_i 为待定参数，将式(6.30)代入式(6.24)，通过分步积分法可解得

$$
y_1 = \sum_{j=1}^{5} \psi_j(x_1)\omega_j(0)
\tag{6.31}
$$

式中，$\alpha = (m_1 b_0 / EI)^{1/(1+n)}$ 表示桩体变形系数，m_1 为土抗力模数，$\varphi_j(x)$ 表示初参数方程的影响函数，吴恒立的《推力桩非线性全过程分析及控制性设计——综合刚度原理和双参数法》[219] 中给出方程齐次形式的通解，$\omega_1(x_1) = \alpha y_1(x_1)$、$\omega_2(x_1) = \varphi(x_1)$、$\omega_3(x_1) = M(x_1)/\alpha EI$、$\omega_4(x_1) = Q(x_1)/\alpha^2 EI$ 分别为对应的初参数方程。$\omega_5(0) = P_l b_s / \alpha^3 EI$。

本书在此基础上通过幂级数法可解得非齐次微分方程式(6.24)带初参数 Q_0、M_0、φ_0、y_0 的级数解

$$\begin{cases}
y_1 = y_0 A(\alpha x_1) + \dfrac{\varphi_0}{\alpha} B(\alpha x_1) + \dfrac{M_0}{\alpha^2 EI} C(\alpha x_1) + \\
\qquad \dfrac{Q_0}{\alpha^3 EI} D(\alpha x_1) + \dfrac{P_l b_0}{\alpha^4 EI} E(\alpha x_1) \\[2mm]
y_1' = y_0 \alpha A'(\alpha x_1) + \varphi_0 B'(\alpha x_1) + \dfrac{M_0}{\alpha EI} C'(\alpha x_1) + \\
\qquad \dfrac{Q_0}{\alpha^2 EI} D'(\alpha x_1) + \dfrac{P_l b_0}{\alpha^3 EI} E'(\alpha x_1) \\[2mm]
y_1'' = y_0 \alpha^2 A''(\alpha x_1) + \varphi_0 \alpha B''(\alpha x_1) + \dfrac{M_0}{EI} C''(\alpha x_1) + \\
\qquad \dfrac{Q_0}{\alpha EI} D''(\alpha x_1) + \dfrac{P_l b_0}{\alpha^2 EI} E''(\alpha x_1) \\[2mm]
y_1''' = y_0 \alpha^3 A'''(\alpha x_1) + \varphi_0 \alpha^2 B'''(\alpha x_1) + \dfrac{M_0}{EI} \alpha C'''(\alpha x_1) + \\
\qquad \dfrac{Q_0}{EI} D'''(\alpha x_1) + \dfrac{P_l b_0}{\alpha EI} E'''(\alpha x_1)
\end{cases} \tag{6.32}$$

式中，y_0、φ_0、M_0、Q_0 为开挖面处的初参数；$A(\alpha x_1)$、$B(\alpha x_1)$、$C(\alpha x_1)$、$D(\alpha x_1)$、$E(\alpha x_1)$ 为与桩体变形系数 α 及深度 x_1 相关的无量纲系数，其表达式为

$$\begin{cases}
A(\alpha x_1) = 1 + \displaystyle\sum_{s=1}^{\infty} \dfrac{(-1)^s n^{4s}}{\prod\limits_{i=1}^{i=s}\prod\limits_{j=1}^{j=4}\{[(4n+1)s-(j-4)n]\}} (\alpha x_1)^{\frac{(4n+1)s}{n}} \\[5mm]
B(\alpha x_1) = \alpha x_1 + \displaystyle\sum_{s=1}^{\infty} \dfrac{(-1)^s n^{4s}}{\prod\limits_{i=1}^{i=s}\prod\limits_{j=1}^{j=4}\{[(4n+1)s-(j-3)n]\}} (\alpha x_1)^{\frac{(4n+1)s}{n}+1} \\[5mm]
C(\alpha x_1) = \dfrac{1}{2}(\alpha x_1)^2 + \dfrac{1}{2}\displaystyle\sum_{s=1}^{\infty} \dfrac{(-1)^s n^{4s}}{\prod\limits_{i=1}^{i=s}\prod\limits_{j=1}^{j=4}\{[(4n+1)s-(j-2)n]\}} (\alpha x_1)^{\frac{(4n+1)s}{n}+2} \\[5mm]
D(\alpha x_1) = \dfrac{1}{6}(\alpha x_1)^3 + \dfrac{1}{6}\displaystyle\sum_{s=1}^{\infty} \dfrac{(-1)^s n^{4s}}{\prod\limits_{i=1}^{i=s}\prod\limits_{j=1}^{j=4}\{[(4n+1)s-(j-1)n]\}} (\alpha x_1)^{\frac{(4n+1)s}{n}+3} \\[5mm]
E(\alpha x_1) = \dfrac{1}{24}(\alpha x_1)^4 + \dfrac{1}{24}\displaystyle\sum_{s=1}^{\infty} \dfrac{(-1)^s n^{4s}}{\prod\limits_{i=1}^{i=s}\prod\limits_{j=1}^{j=4}\{[(4n+1)s-jn]\}} (\alpha x_1)^{\frac{(4n+1)s}{n}+4}
\end{cases} \tag{6.33}$$

当 $0 \leqslant x_{n+3} \leqslant h_{n+3}$ 时，即岩土分界面至桩底区间，土抗力函数分布规律为式

(6.19)，当 $x \geqslant t$ 时，桩体挠度微分方程为式(6.25)，其通解为对应的齐次方程通解加上非齐次方程一个特解。因此，岩土分界面至桩底的桩体微分方程方程通解为

$$y_2 = e^{\beta x_2}(A\cos\beta x_2 + B\sin\beta x_2) + e^{-\beta x_2}(C\cos\beta x_2 + D\sin\beta x_2) + g(x_2) \quad (6.34)$$

方程中的特征系数 $\beta = \sqrt[4]{\dfrac{m_2}{4EI}}$, A、B、C、D 为待定参数，可由边界条件、变形连续条件及力的平衡条件求得，$g(x)$ 为对应非齐次方程特解，可以通过方程常数项求得，$g(x_2) = \dfrac{P'_l\, b_s}{m_2 b_0}$ 。

同理，设各分段独立坐标系中 $x_2 = 0$ 位置桩体的剪力、弯矩、转角、位移值分别为 Q'_0、M'_0、φ'_0、y'_0 ，则可得到方程（6.34）的初参数解表达式

$$\begin{cases} y_2 = y'_0 A_2(\beta x_2) + \dfrac{\varphi'_0}{\beta} B_2(\beta x_2) + \dfrac{M'_0}{\beta^2 EI} C_2(\beta x_2) + \dfrac{Q'_0}{\beta^3 EI} D_2(\beta x_2) + \dfrac{P'_l b_s}{m_2 b_0} \\[3mm] y_2' = -y'_0 \beta D_2(\beta x_2) + \varphi'_0 A_2(\beta x_2) + \dfrac{M'_0}{\beta EI} B_2(\beta x_2) + \dfrac{Q'_0}{\beta^2 EI} C_2(\beta x_2) \\[3mm] y_2'' = -y'_0 \beta^2 C_2(\beta x_2) - \varphi'_0 \beta D_2(\beta x_2) + \dfrac{M'_0}{EI} A_2(\beta x_2) + \dfrac{Q'_0}{\beta EI} B_2(\beta x_2) \\[3mm] y_2''' = -y'_0 \beta^3 B_2(\beta x_2) - \varphi'_0 \beta^2 C_2(\beta x_2) - \dfrac{M'_0}{EI} \beta D_2(\beta x_2) + \dfrac{Q'_0}{EI} A_2(\beta x_2) \end{cases} \quad (6.35)$$

式中，Q'_0、M'_0、φ'_0、y'_0 为岩土层分界面处的初参数；$A_2(\beta x_2)$、$B_2(\beta x_2)$、$C_2(\beta x_2)$、$D_2(\beta x_2)$ 为与桩体变形系数 β 及深度 x_2 相关的无量纲系数，其表达式为

$$\begin{cases} A_2(\beta x_2) = \cosh\left(\dfrac{\beta x_2}{\sqrt{2}}\right)\cos\left(\dfrac{\beta x_2}{\sqrt{2}}\right) \\[3mm] B_2(\beta x_2) = \dfrac{1}{\sqrt{2}}\left[\cosh\left(\dfrac{\beta x_2}{\sqrt{2}}\right)\sin\left(\dfrac{\beta x_2}{\sqrt{2}}\right) + \sinh\left(\dfrac{\beta x_2}{\sqrt{2}}\right)\cos\left(\dfrac{\beta x_2}{\sqrt{2}}\right)\right] \\[3mm] C_2(\beta x_2) = \sinh\left(\dfrac{\beta x_2}{\sqrt{2}}\right)\sin\left(\dfrac{\beta x_2}{\sqrt{2}}\right) \\[3mm] D_2(\beta x_2) = \dfrac{1}{\sqrt{2}}\left[\cosh\left(\dfrac{\beta x_2}{\sqrt{2}}\right)\sin\left(\dfrac{\beta x_2}{\sqrt{2}}\right) - \sinh\left(\dfrac{\beta x_2}{\sqrt{2}}\right)\cos\left(\dfrac{\beta x_2}{\sqrt{2}}\right)\right] \end{cases} \quad (6.36)$$

以上给出了桩体各分段挠曲微分方程形式的解析解，每段桩体单元的微分方程均有四个未知参数，要求得各分段微分方程的未知参数，需将整个桩体联合起来组成一微分方程组，最后根据桩端边界条件、桩体分段处的变形连续及静力平衡条件来共同解出各分段的微分方程。微分方程的联合求解步骤如下：

若有 n 道支撑，桩体被分为了 $n+3$ 段弹性桩单元，每段桩单元的内力变形微

分方程求解均有四个待定参数，若用 A_{11}、A_{12}、A_{13}、A_{14} 表示第一段微分方程的四个待定参数，A_{21}、A_{22}、A_{23}、A_{24} 表示第二段微分方程待定参数，第 n 段微分方程待定参数为 A_{n1}、A_{n2}、A_{n3}、A_{n4}。总共得 $4(n+3)$ 个待定参数，其中确定待定参数的桩端边界条件、分段处桩体变形连续条件及力的平衡条件为：

O_1 点处桩顶边界条件为 $y_1''(0) = 0, y_1'''(0) = 0$

各支撑点分段处变形连续条件与力的平衡条件为：

O_2 点

$$y_1(h_1) = y_2(0), y_1'(h_1) = y_2'(0)$$
$$y_1''(h_1) = y_2''(0), EIy_1'''(h_1) = EIy_2'''(0) - R_1$$

$$\vdots$$

O_i 点

$$y_{i-1}(h_{i-1}) = y_i(0), y_{i-1}'(h_{i-1}) = y_i'(0)$$
$$y_{i-1}''(h_{i-1}) = y_i''(0), EIy_{i-1}'''(h_{i-1}) = EIy_i'''(0) - R_{i-1}$$

$$\vdots$$

O_{n+1} 点

$$y_n(h_n) = y_{n+1}(0), y_n'(h_n) = y_{n+1}'(0)$$
$$y_n''(h_n) = y_{n+1}''(0), EIy_n'''(h_n) = EIy_{n+1}'''(0) - R_n$$

开挖面以下分段点的变形连续条件为

O_{n+2} 点

$$y_{n+1}(h_{n+1}) = y_{n+2}(0), y_{n+1}'(h_{n+1}) = y_{n+2}'(0)$$
$$y_{n+1}''(h_{n+1}) = y_{n+2}''(0), y_{n+2}'''(h_{n+2}) = y_{n+2}'''(0)$$

O 点

$$y_{n+1}(h_{n+1}) = y_0, y_{n+1}'(h_{n+1}) = \theta_0$$

$$y_{n+1}''(h_{n+1}) = \frac{M_0}{EI}, y_{n+1}'''(h_{n+1}) = \frac{Q_0}{EI}$$

桩底边界条件为 $y_{n+3}(h_{n+3}) = 0, y_{n+3}'(h_{n+3}) = 0$

如果 O_n 处为支撑架设位置，则 R_n 为桩体分段节点 O_n 处的荷载突变值，支撑力 $R_n = R_{n0} + G_n y$，其中 R_{n0} 为第 n 道支撑的预加应力；G_n 为第 n 道支撑材料刚度，如未设钢支撑时则 R_n 为 0；y 表示支撑位置处考虑基坑开挖过程影响后计算得到的实际弹性变形值。若将上述边界及变形连续条件各待定参数表示为：

1）A_{n1}、A_{n2}、A_{n3}、A_{n4} 表示第 n 段方程 4 个待定参数，共有 $4(n+3)$ 个待定参数。

2）b_{n1}、b_{n2}、b_{n3}、b_{n4} 表示方程 $f(x_n) = y_n$ 对应待定参数方程的系数。

3）c_{n1}、c_{n2}、c_{n3}、c_{n4} 表示方程 $f(x_n) = y_n'$ 对应待定参数方程的系数。

4）d_{n1}、d_{n2}、d_{n3}、d_{n4} 表示方程 $f(x_n) = y_n''$ 对应待定参数方程的系数。

5）e_{n1}、e_{n2}、e_{n3}、e_{n4} 表示方程 $f(x_n) = y_n'''$ 对应待定参数方程的系数。

6）b_{n0}、c_{n0}、d_{n0}、e_{n0} 分别表示对应待定参数方程的常数项。

则可得到矩阵表示的待定参数方程为

$$
\begin{bmatrix}
b_{11} & \cdots & b_{14} & & & & & & & & \\
c_{11} & \cdots & c_{14} & & & & & & & & \\
b_{11} & \cdots & b_{14} & -b_{21} & \cdots & -b_{24} & & & & & \\
c_{11} & \cdots & c_{14} & -c_{21} & \cdots & -c_{24} & & & & & \\
d_{11} & \cdots & d_{14} & -d_{21} & \cdots & -d_{24} & & & & & \\
e_{11} & \cdots & e_{14} & -e_{21} & \cdots & -e_{24} & & & & & \\
\vdots & & \vdots & \vdots & & \vdots & \vdots & & \vdots & & \\
& & & b_{(n-1)1} & \cdots & b_{(n-1)4} & -b_{n1} & \cdots & -b_{n4} \\
& & & c_{(n-1)1} & \cdots & c_{(n-1)4} & -c_{n1} & \cdots & -c_{n4} \\
& & & d_{(n-1)1} & \cdots & d_{(n-1)4} & -d_{n1} & \cdots & -d_{n4} \\
& & & e_{(n-1)1} & \cdots & e_{(n-1)4} & -e_{n1} & \cdots & -e_{n4} \\
& & & & & & d_{n1} & \cdots & d_{n4} \\
& & & & & & e_{n1} & \cdots & e_{n4}
\end{bmatrix}
\begin{bmatrix}
A_{11} \\ A_{12} \\ A_{13} \\ A_{14} \\ A_{21} \\ A_{23} \\ A_{24} \\ \vdots \\ A_{n1} \\ A_{n2} \\ A_{n3} \\ A_{n4}
\end{bmatrix}
=
\begin{bmatrix}
b_{10} \\ c_{10} \\ b_{20} - b_{10} \\ c_{20} - c_{10} \\ d_{20} - d_{10} \\ e_{20} - e_{10} \\ \vdots \\ b_{n0} - b_{(n-1)0} \\ c_{n0} - c_{(n-1)0} \\ d_{n0} - d_{(n-1)0} \\ e_{n0} - e_{(n-1)0} \\ d_{n0} \\ e_{n0}
\end{bmatrix}
$$

从该矩阵方程可直观地看出桩体边界条件及分段处变形连续条件情况，前两行与最后两行表示桩顶及桩底处边界条件，中间每四行表示一分段点处变形连续条件及静力平衡条件。桩体顶端与底端的边界条件能够得到 4 个参数方程，n 道支撑情况下桩体被 $n+2$ 个节点分割为 $n+3$ 段，以节点处变形连续条件与力的平衡条件可以得到 $4(n+2)$ 个参数方程组成的方程组，则总共可得到 $4+4(n+2)=4(n+3)$ 个参数方程，最后通过 Mathematic 软件进行参数方程矩阵的求解，可以解出 A_{n1}、A_{n2}、A_{n3}、A_{n4} 表示的 $4(n+3)$ 个待定参数，将求得的待定参数代入式(6.22)、式(6.32)及式(6.35)即可得到桩体整个挠度微分方程的解。

6.5　膨胀性岩土复合地层现场工程概况与监测结果

6.5.1　工程概况

某地铁车站位于南北走向的诚信南路与东西走向的兴筑西路交叉口，其中南北走向的地铁线为 2 号线，东西走向的与某市综合保税区至西南商贸城地下联络线为地铁 S2 号线。

该地铁车站深基坑工程主体结构为双层双柱三跨箱形结构，车站南北方向两端隧道采用矿山施工法，标准段采用明挖法施工，局部在桩顶冠梁处采用放坡形式开挖或加土钉墙支护方式，基坑支护结构形式主要为桩—撑支护体系。

6.5.2　工程地质

（1）地形地貌　兴筑西路北侧和南侧地形相对较高，形成两边较高中间低洼的地形。低洼处为路基回填，地面标高为1276.5~1278.2m，地形平坦，人行路面外局部有绿化草坪或树木；兴筑西路北侧为金阳商业步行街，地面标高为1278.1~1279.2m，平均坡度为2°~5°，往北高程升高；南侧地形相对较高，坡度平均为3°~8°；西南侧为某国际社区施工场地；东南侧为某电信枢纽楼施工场地。深基坑工程场地部分地表地形及地貌现状如图6.11所示。

图6.11　场地部分地形地貌

（2）地层岩性与地质构造　工程场区范围内地层总体由第四系覆盖层、三叠系大冶组地层及中风化基岩组成。第四系覆盖层包含人工填土层及残坡积层，场区厚度分布范围为0.6~9.4m，平均厚度为5.2m；残坡积层主要由红黏土组成，按照其状态可分为硬塑红黏土、软塑红黏土及可塑红黏土，场区层厚分布范围为0.0~12.6m，厚度平均为7.1m；基岩分布于整个场区，该地层厚度为133~188m。

工程场区内地质构造主要为连续及无断裂构造发育形态，岩层产状分布为N10°~20°E/SE∠5°~10°左右。场区主要发育以下两组裂隙：

1）N20°W，NE∠45°~55°，地质测绘点位于东南侧施工场地开挖边坡岩体，桩号为ZDK18+704m、YDK18+766m，为剪性裂隙，宽0.1~0.3cm，充填黏土，深部趋于闭合，间距1~2m；

2）N50°~60°E，NW∠75~80°，地质测绘点位于东南侧施工场地开挖山体及基坑边坡岩体，桩号为ZDK18+700m正东20m、ZDK18+645m正东62m，宽0.1~0.2cm，充填黏土，深部趋于闭合，间距0.1~0.5m。

3）不良地质　喀斯特地区的地下岩溶发育、工程性质较差的地表填土层及特殊物理力学性质的红黏土地层。

6.5.3　岩土分层及特征

根据现场地质测绘及钻探结果，结合岩土分层代码表，将场地内第四系覆盖层划分为填土层、硬塑红黏土、可塑红黏土及软塑红黏土共4个土质单元，场地岩体划分为1个岩质单元，即中风化灰岩单元。各单元详情如下：

1) <1-1>单元。主要组成为素填土，中间夹杂有红黏土及石灰岩碎石块等成分，杂质所占百分比约为59%，单元层厚为0.6~10.8m。

2) <4-1-4>单元。该单元层主要由硬塑红黏土组成，有着遇水软化的特点，与填土层相邻，单元层厚度为2.2~4.5m，力学性能相对较稳定。

3) <4-1-3>单元。主要成分为可塑红黏土，工程特性类似硬塑红黏土，单元层厚度为2.6~8.8m。

4) <4-1-2>单元。主要成分为软塑红黏土，工程力学性质相对可塑红黏土较差。

5) <15-1-c>单元。该单元主要为中风化灰岩。

6.5.4 基坑支护结构体系

车站深基坑工程支护结构主要采用桩—撑支护结构体系，排桩为钻孔灌注桩，支撑主要采用钢管，根据基坑开挖深度，2号线车站基坑主体设计了三道钢管支撑，S2号线基坑主体设计了四道钢管支撑，第一道钢支撑与排桩及钢筋混凝土冠梁相连，第二道钢支撑与排桩及腰梁相互连接。深基坑工程主体结构采用桩—撑支护结构的设计平面布置如图6.12所示，竖向布置如图6.13a、b所示；整体剖面结构形式如图6.14所示；基坑实际桩—撑支护情况如图6.15a、b、c、d所示。

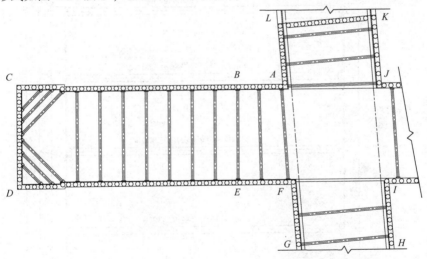

图6.12 基坑桩—撑支护平面布置

深基坑工程排桩支护结构中，桩体直径 d 为1.2m，间距为1.8m，桩长根据基坑设计开挖深度不同有18.8m、16.1m及25.9m三种，排桩桩间土的处理方式为网喷100mm厚的C25混凝土。对于长25.9m的桩体类型，因该处基坑开挖位置较深，地层情况复杂，比较有代表性，被选为本文分析研究对象。

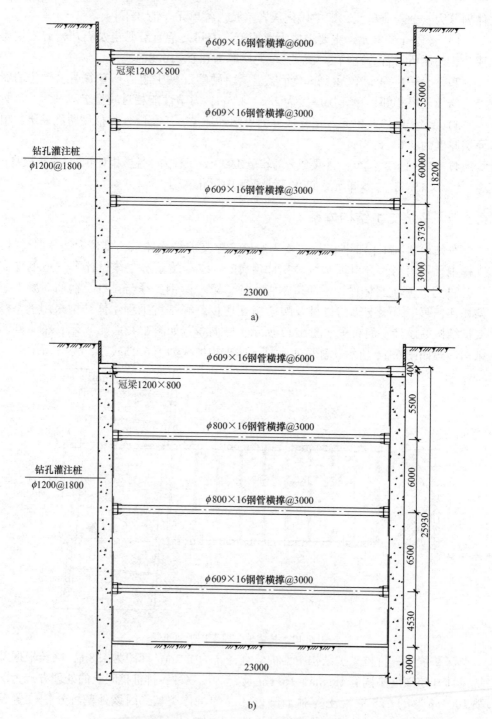

图 6.13　基坑支护桩—撑竖向布置

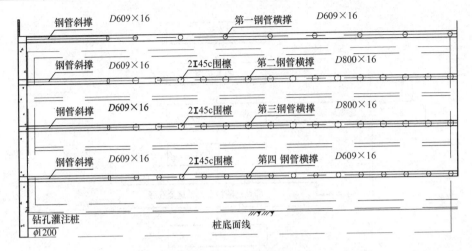

图 6.14　基坑支护桩剖面布置

图 6.15　基坑支护现场

6.5.5　基坑开挖与支护结构的施工

深基坑支护结构安全稳定性的保证是施工过程中的重点，深基坑开挖施工过程应掌握好"分层、分步、对称、平衡、限时"五个要点。该深基坑采用桩—撑支护体系、桩锚支护体系及放坡土钉墙支体护三种组合形式，本文主要研究对象为基坑标准段的桩—撑支护体系。

对于桩—撑支护体系，支护桩主要采用钻孔灌注桩，其施工工艺如图 6.16 所示，桩顶施作冠梁，连接成整体。

根据标准段施工断面，可以将其开挖步骤分为五步：

第一步：钻孔灌注桩的施工，基坑挖至第一道支撑下 0.5m，加固处理桩间土。

第二步：待桩体间喷射混凝土完毕后，基坑由东向西开挖基坑马道。

第三步：开挖至第二道支撑下 0.5m，采用分层开挖方法（每层深度不超过 2m）。

第四、五步：同以上步骤，开挖至第三、四道支撑下 0.5m 处并完成支撑架设。

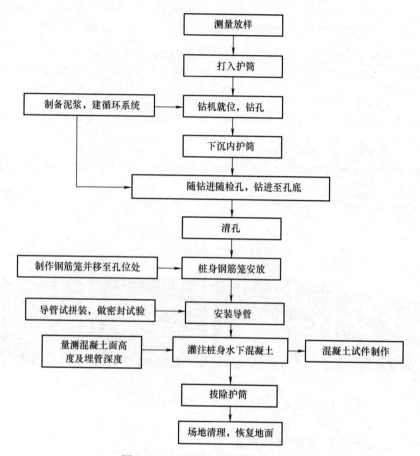

图 6.16 钻孔灌注桩施工工艺流程

基坑工程整个断面开挖步骤如图 6.17a、b、c、d 所示。

基坑开挖过程详细工序信息见表 6.1。

表 6.1 工序信息表

工序	类型	深度/m	钢支撑道号
1	开挖至第一道撑	3.00	—
2	施加钢支撑	—	内撑①
3	开挖至第二道撑	7.50	—
4	施加钢支撑	—	内撑②
5	开挖至第三道撑	13.50	—
6	施加钢支撑	—	内撑③
7	开挖至第四道撑	19.50	—
8	施加钢支撑	—	内撑④
9	开挖至基坑底	23.53	—

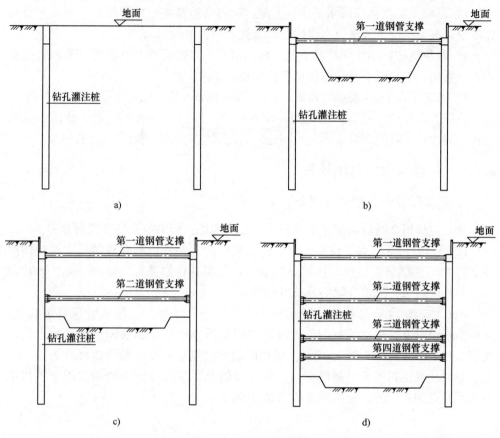

图 6.17　基坑开挖工序

6.5.6　监测内容设置

监测内容的限制条件与诸多因素有关，首先是工程规模，其次是施工方法、水文地质条件、周遭环境影响等。根据本工程项目所涉及相关规范的要求和以合理、经济为基础的施工标准，此次监测选照的有关规范如下：

1）GB 50911—2013《城市轨道交通工程监测技术规范》。

2）GB 50497—2009《建筑基坑工程监测技术规范》。

3）GB 50026—2007《工程测量规范》。

4）CJJ/T 8—2011《城市测量规范》。

5）GB 50026—1993 国家一、二等水准测量规范。

6）本工程相关的勘查资料、工程设计以及招标的文件等。

根据上述选用的规范条目，本工程的监测等级为二级，遵照工程施工的要求，选择有效的监测方法并合理设置监测内容。本方案拟设置的主要监测内容有：

1）基坑支护桩体深层水平位移监测：测斜点沿基坑边中间部位、阳角部位及深度变化部位布设，监测点布设间距的适宜范围为 10～20m。

2）基坑支护桩顶水平位移监测：桩顶水平位移监测点布设位置与测斜管位置的布设相同，各工况下至少布设 1 组监测点。

3）钢支撑结构轴力监测：监测点沿基坑竖向断面布置，测点位置位于支撑端部。

除以上深基坑工程支护结构的监测内容外，周围环境与周围岩土体的监测内容还有周边地下管线沉降监测、周围建筑物沉降监测、坑周地表沉降监测等。

6.5.7　位移与内力监测计算

1. 桩体深层水平位移（测斜）监测

管口位移用全站仪测量水平位移测量方法测得，所用的全站仪仪器型号为 Lei-ca－TCRA1101；深层水平位移大小通过安装好的测斜管由测斜仪测得，在桩体灌注前将 PVC 测斜管安装在支护桩体内部，将其绑扎在钢筋架迎土面一侧，PVC 测斜管的长度需与支护桩及钢筋笼长度相符。

PVC 测斜管内有与基坑边线垂直的内壁十字形导槽，导槽从管顶直至管底。采用测斜仪对支护桩体测斜时，先将测斜探头沿导槽从顶到底测量各个测点的偏角值，然后将测斜探头翻转 180°，用相同的方法测量一次，整个过程称为一个测回，叠加计算得到各测点最终测值。同一测斜点在基坑开挖前的两次测量平均值为该测斜点的初始值。测斜原理如图 6.18 所示。

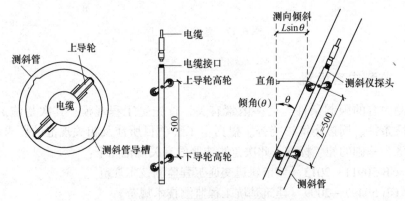

图 6.18　测斜管测斜原理

监测中的累计水平位移量为当日测值减去该测点的初始值，本次位移量为当日测值减去上一次测值。测斜管埋设现场及桩体测斜监测点如图 6.19a、b 所示。

监测过程中的相对水平偏差量 δ 值可由每一次测段上下导轮间间距计算

$$\delta = l \times \sin\theta \qquad (6.37)$$

式中，l 为上下导轮间距；θ 为探头敏感轴与重力轴夹角。

a)　　　　　　　　　　　　　　　　b)

图 6.19　现场桩体测斜监测点

通过叠加原理，测段 n 的相对水平偏差量 Δ_n 可由下式计算

$$\Delta_n = \sum_{i=0}^{n} \delta_i = \sum_{i=0}^{n} l \times \sin\theta_i \tag{6.38}$$

式中，δ_0 为初始测段水平偏差。

2. 钢支撑轴力监测

支撑架设前应在支撑端埋设各支撑
监测应力计。在钢支撑轴力测量过程
中，先将应力计监测导线与出厂时配置
的频率计连接起来，然后通过仪器加低
压监测各应力计的变化频率，支撑轴力
可由以下换算得到

$$N = k(f_i^2 - f_0^2) \tag{6.39}$$

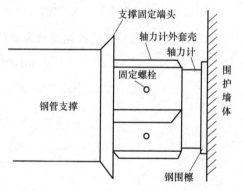

图 6.20　钢支撑轴力测点布置

式中，N 为钢支撑轴力（kN）；k 为应力
计标定系数（kN/Hz^2）；f_i 为轴力计监测
频率（Hz）；f_0 为轴力计安装后的初始频率（Hz）。

钢支撑轴力现场测点的安装位置如图 6.20 所示。

6.5.8　桩体测斜数据整理分析

根据工程现场桩身水平位移、钢支撑轴力监测得到的数据，整理基坑不同施
工工序及不同岩土层组合厚度下桩体水平位移与各道支撑轴力的监测数据变化曲
线并采用 Origin 软件绘图，根据所得各监测点变化曲线图，分析膨胀性岩土复合地
层条件下桩—撑支护结构的内力与变形随基坑开挖过程的变化规律。

该基坑标准段西端处开挖深度深，地层情况复杂多变，因此以此段为研究对

象，对基坑标准段西端处深基坑支护结构的桩体测斜数据进行整理分析。该段布设了 5 个桩体测斜点，测点在基坑长边中各布设了两个，短边布设一个，测点编号为 ZCX - 1、ZCX - 2、ZCX - 3、ZCX - 4、ZCX - 5；桩顶侧移监测点布置同测斜桩体一样，测点编号为 ZQS - 1、ZQS - 2、ZQS - 3、ZQS - 4、ZQS - 5。兴筑西路地铁站深基坑工程标准段西端桩体测斜点平面布置情况如图 6.21 所示。

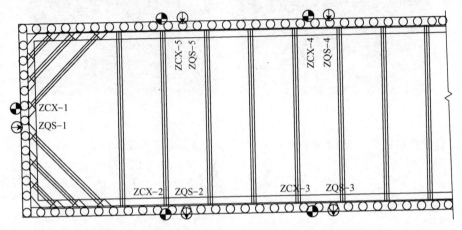

图 6.21   支护桩测斜监测点与桩顶侧移监测点布置

图 6.22 是基坑开挖前各测斜点采取的初始值，为分析方便将其归零处理。

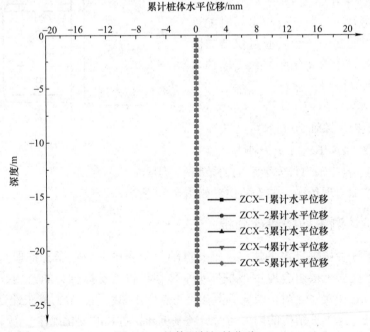

图 6.22   桩体测斜初始位移

图 6.23 ～图 6.27 显示的是测点 ZCX - 1、ZCX - 2、ZCX - 3、ZCX - 4、ZCX - 5 在不同工序下的测斜数据变化曲线情况。

图 6.23 中各曲线表示测点 ZCX - 1 桩体水平位移变化情况，分析工序 1 的曲线，基坑开挖至第一道支撑深度位置（- 2.2m）处时，测点 ZCX - 1 水平位移曲线沿桩深度方向逐渐变小，桩顶处水平位移值最大为 1.51mm。这是因为，当开挖深度不大时，支护结构主要受外荷载作用，在测点 ZCX - 1 侧往西位设有一钢结构加工大棚，钢材及来往货车等地面荷载较大，使桩顶端位置水平位移值较大。基坑开挖过程中，支护桩、钢支撑、冠梁结构的共同约

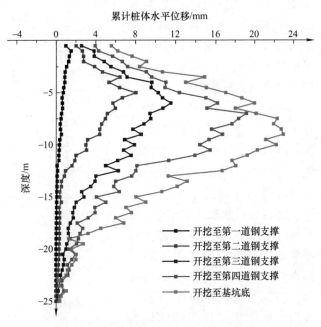

图 6.23　ZCX - 1 测点桩体水平位移变化

束，控制了桩体水平位移的进一步发展。随着开挖的进行，桩体水平位移在侧向土压力作用下也逐渐变大。当开挖至第二道支撑位置（- 8.2m）时，桩体的最大水平位移位置往下移了 2m 左右，大小为 8.05mm，比工序 1 最大值增大较多，这是因为随着基坑内侧土体开挖卸荷，外荷载与侧向土压力的作用使得桩身水平位移变大，最大水平位移位置的下移说明第一道钢支撑对桩顶处水平位移的发展起到了很好的约束作用。基坑初步开挖施工时期，如果基坑最大水平位移值超过了安全控制值预警时，可以在基坑该侧位置对土体进行注浆处理，同时对地面施工荷载及钢结构材料等堆载进行控制和管理。当基坑挖至第三道支撑位置（- 14.2m）时，桩身整体变形趋势呈现出"勺"形，即开挖面以上桩身变形较大，开挖面以下由于岩土体的作用，桩身位移较小。随着基坑开挖至第四道钢支撑位置（- 18.2m），再开挖至基坑底位置（- 22.0m），相比基坑从开始开挖到开挖至第二道钢支撑位置来说，桩体变形速率慢慢变小，因此从第三道钢支撑开始，桩身水平位移曲线形状都比较接近，都呈现出"勺"形，其中最大水平位移值产生在基坑开挖至坑底时（深度 11.0m 左右位置，大小为 22.75mm），在岩石土分界处偏上的位置，也大概与基坑开挖至第三道与第四道时桩体最大水平位移位置相同。开挖至基坑坑底后的桩身变形曲线上部有微小波动，这是由于基坑开挖深度

较大，开挖至坑底时，支护桩不稳定性变大，基坑外侧塔式起重机及施工荷载等对桩体稳定性影响变大。总体来看，桩身变形曲线在深度12.0m左右位置处为"勺"形的一个拐点，该拐点处也正是岩土层分界处，主要是岩土物理力学性质差异性导致。

图6.24中各曲线表示测点 ZCX-2 桩身水平位移变化情况。测斜点 ZCX-2 位于基坑北侧，基坑北侧外是兴筑西路主干道，道路车流量较大，对基坑支护结构产生较大的动荷载。另外，测点 ZCX-2 处红黏土层厚度较深，地质条件差，因此该点监测数据出现不规则的波动，特别是基坑挖至第三道支撑后，桩体测斜数据波动较为

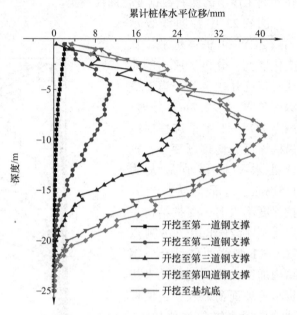

图 6.24　ZCX-2 测点桩体水平位移变化

明显，这主要是当基坑开挖至岩石层时，会采用局部爆破法开挖，爆破产生的震动影响桩体变形而导致的。同样开挖工序 1 时桩顶最大水平位移为 2.12mm；挖至第二道支撑位置时，水平位移最大位置微向下移，值为 10.83mm；基坑挖至第二道支撑到第三道支撑期间，水平位移变化速率最大，最大差值有 23.02mm；基坑挖到底时，桩体最大水平位移在深度 12.5m 左右位置，为 38.47mm。总体看来，测点 ZCX-2 的整体水平位移变形与波动都在安全可控的范围内，即使有较大地面车辆动荷载及爆破震动的影响，钢支撑结构与围护桩体系共同作用也保证了基坑支护结构的稳定性与安全性，给基坑开挖提供了一个安全可靠的环境。

图6.25中各曲线表示测点 ZCX-3 桩身水平位移变化情况。该测点对称于测点 ZCX-2，位于基坑南侧，距离基坑侧往北 60m 为某国际社区高层住宅楼，所以该侧为重点关注对象之一。基坑在前期开挖过程中，桩身水平位移变形速率较大，最大处达到 8.36mm，在基坑中部偏上位置处。当基坑开挖深度较大时，地面附近土体采取注浆加固处理，在钢支撑结构与注浆加固体的共同作用下，控制了水平位移变化速率。挖至基坑底后，桩顶水平位移值为 6.24mm，桩体最大水平位移大小为 16.62mm，在深度 9.0m 左右位置处。虽然在外荷载及局部爆破等影响下，桩身水平位移数据出现微小波动，但总体变形值都在安全控制的范围内，说明支护桩+钢支撑结构支护方式的有效性，加上地面局部注浆加固处理，给基坑施工过

程中的安全性与稳定性提供了有力的保证。

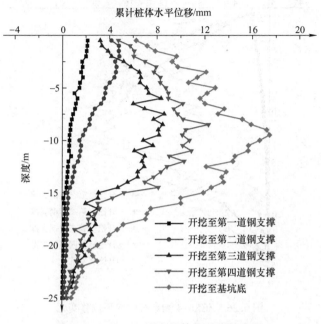

图 6.25　ZCX-3 测点桩体水平位移变化

图 6.26 中各曲线表示测点 ZCX-4 的桩体水平位移变化情况。基坑开挖较深时，桩身水平位移曲线产生一些不规则波动，这主要是由兴筑西路主干道车辆动荷载、基坑岩层爆破施工及土层所占深度较大等综合影响造成的，水平位移最大值产生在挖至坑底时桩体中部位置，为 27.42mm。变形曲线的不规则波动始于基坑挖至第二道支撑位置时，当基坑挖至第四道支撑位置（18.5m）时，曲线波动幅度最大，最大幅度达到 3.06mm。总体分析看，整个桩身变形曲线在岩石土层分界深度（14.0m）左右位置处出现拐点，拐点以上桩体变形速率较大，拐点以下变形速率较小。开挖至坑底后，由于下部岩层具有一定强度，因此岩层中桩身的水平位移值较小，基本可以忽略不计。

图 6.27 表示测点 ZCX-5 桩体水平位移变化情况。监测点 ZCX-5 位置与测点 ZCX-4 位置对称，位于基坑南侧测点 ZCX-3 以东。图中基坑开挖各阶段的桩体水平位移值变化都相对较小，基坑到第四道钢支撑位置（18.5m）时，水平位移值最大才 11.18mm，整个工序下，水平位移变形速率相对稳定和均匀，开挖较深时变形曲线的不规律波动也相对较小。这是因为该处岩石土分界深度位置相对较浅（8.5m），岩层厚度的增加相当于提升了该处的地层条件，同时在钢管支撑、围护桩与冠梁支护结构体系的共同作用下，大大增强了深基坑开挖施工过程中的稳定性，使桩身整体变形曲线稳定性相对较高，桩顶处最大水平位移值为 5.06mm。

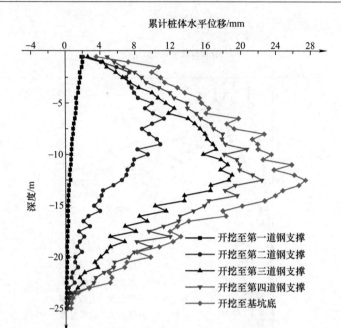

图 6.26 ZCX-4 测点桩体水平位移变化

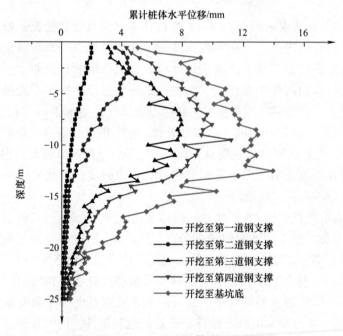

图 6.27 ZCX-5 测点桩体水平位移变化

综合以上桩体变形图 6.23 ~ 图 6.27 来看，基坑从开始开挖至开挖到第三道钢支撑位置过程中，水平位移变化速率相对较大，当基坑挖至第三道支撑后，水平位移变化速率变小，在挖至第三道支撑后，桩体变形曲线不规则波动都变大，这主要是因为岩石土分界处位置大概在第三道支撑深度处，当基坑开挖至岩层时，局部采取的爆破施工会影响桩体的变形，从而使得桩身变形曲线出现不规则的波动；由于岩层具有一定的强度，所以可以有效地抑制桩体变形的发展，使得桩身变形速率减小。不同岩土层厚度对桩身水平位移变化的影响，后面将做详细讨论。

6.5.9 钢支撑轴力监测数据整理分析

根据工程设计资料，深基坑西面深 24.53m，设计四道钢支撑，第一道架设在冠梁上，第二道以下通过型钢腰梁与支护桩连接，支撑体系、冠梁与腰梁共同形成一个巨大的水平受力框架，整体承担作用在支护结构上的水平荷载力。根据支护结构施工设计方案，第一与第四道支撑的刚度设计值为 535.06kN/m，第三与第二道支撑的刚度设计值为 713.42kN/m，其中支撑预应力为设计值的 60% ~ 70%。第一、第四道支撑预加应力为 340.00kN，第二、第三道钢支撑预加力分别为 520.00kN、560.00kN。给钢支撑施加预应力，是为了改善基坑支护结构体系的服役表现。支撑轴力监测点布置情况如图 6.28 所示。

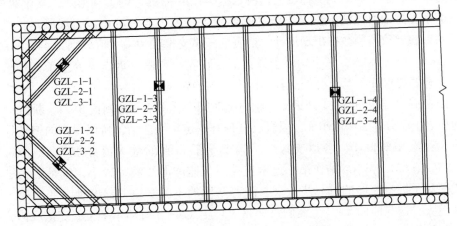

图 6.28 钢支撑轴力监测点布置平面

基坑开挖施工中，前三道支撑具有代表性，故被选为监测对象。在钢支撑轴力监测点中选择地质条件差异较大的断面 3—3 和断面 4—4 对钢支撑轴力监测数据进行整理分析，可以对基坑支护结构的稳定性做出反馈，指导施工并有效保证基坑开挖的安全，预防基坑过大变形而产生较大轴力，破坏基坑支护结构体系而引发工程事故。

断面 3—3 测点的支撑轴力监测数据整理分析如图 6.29 所示。

各支撑在安装前都有预加应力，由图 6.29 中曲线变化看出，钢支撑轴力在支

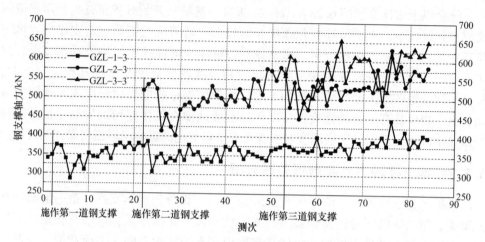

图 6.29　断面 3—3 处钢支撑轴力随时间变化

撑安装完后下一阶段基坑初步开挖过程中，轴力都会有一个先明显减小，再逐渐变大的过程，这主要是因为存在钢支撑结构工作而消耗预应力的过程，但随着基坑逐步开挖施工，支护结构变形增大使支撑结构受荷增大，从而产生支撑轴力监测曲线减小后又逐渐变大的现象。施工现场由于爆破施工、地面车辆等外荷载及气候的影响，整个断面钢支撑轴力监测数据类似"弹簧"的波动形式，其中第二、第三道钢支撑轴力监测数据上下波动幅度较大，因为当基坑挖至岩层段时，爆破施工的影响导致监测数据出现波动。监测的三道支撑轴力最大值分别为 445.33kN、631.27kN、650.88kN，三个均小于设计值，在安全范围。钢支撑分担于支护桩的受力，有效地保证了基坑开挖过程中的安全与稳定。

图 6.30 为自断面 4—4 处钢支撑轴力随时间变化图。相比断面 3—3，断面 4—4 的地质岩土层分界面深度小些，因岩层自身有一定承受能力，所以得到的钢支撑轴力监测数据相对偏小，各道支撑轴力监测最后得到的最大值分别为 428.95kN、618.85kN、631.53kN。施作第一道钢支撑后，监测曲线波动较小，这是因为桩顶冠梁限制了桩身变形的进一步发展，随着基坑的不断开挖，支撑轴力变化速率也越来越大，这与断面 4—4 处测斜点 ZCX-4 与 ZCX-5 桩体水平位移变化规律分析得到的桩体变形随基坑开挖过程发展规律是有相似之处的。

总体来说，钢支撑轴力变化随着基坑的开挖并没有单一的增加与减小，因受周围环境、外部荷载及爆破施工等影响，其轴力变化曲线呈波动形；位于岩层深度位置的第三道支撑施加预应力后，其消减较小，说明拥有一定强度的地层能够抑制基坑围护结构变形，同时减少预应力的削弱，另外，更加科学与合理的钢支撑安装锁定措施也能有效地减小预应力的削弱；钢支撑在控制基坑围护结构变形方面发挥着重大的作用，因此在基坑开挖至支撑设计预定安装位置后，应及时安装好钢支撑并预加应力。

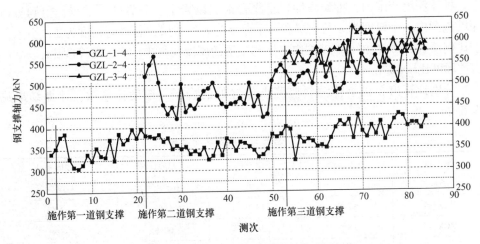

图 6.30　断面 4—4 处钢支撑轴力随时间变化

6.5.10　岩石土复合地层下监测数据分析

通过对桩—撑支护结构现场监测数据分析了解到，膨胀性岩土复合地层条件下对基坑支护结构体系的内力与变形有着不可忽略的影响，即不同的土层与岩石层厚度组合下，桩体水平位移曲线存在较大差异。因此下面根据现场监测数据与资料，详细分析不同膨胀性岩土复合地层条件下基坑支护结构体系的变形规律，总结出膨胀性岩土复合地层不同组合厚度下桩体的变形规律。

某车站基坑地质勘察资料如图 6.31 所示，基坑开挖施工区域为膨胀性岩土复合地层，且岩层处标高呈现高低起伏的形态。

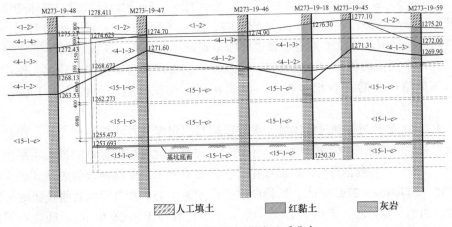

图 6.31　不同钻孔下纵向地质分布

桩体深度范围内，将膨胀性岩土复合地层以岩土层分界处为节点，得到桩体深度范围内一个厚度为 a 的土层和一个厚度为 b 的岩层，若桩的长度为 L，引入一个比例系数 t，则在桩长 L 范围内岩层与土层的厚度比可表示为土层厚度比 $t_1 = a/L$，岩层厚度比 $t_2 = b/L$。

分别计算出布设桩体测斜监测点位置处的岩土层厚度比系数，计算结果见表6.2。

表6.2 岩层与土层厚度比系数表

测斜点 名称	土层厚度 a/m	岩层厚度 b/m	土层厚度比 $t_1 = a/L$	岩层厚度比 $t_2 = b/L$
ZCX－1	12.0	13.0	48%	52%
ZCX－2	15.5	9.5	60%	38%
ZCX－3	10.0	15.0	40%	60%
ZCX－4	14.0	11.0	56%	44%
ZCX－5	8.5	16.5	34%	66%

注：a 为土层厚度；b 为岩层厚度；$L = a + b$ 为桩体长度。

图6.32为不同岩层厚度比的桩身水平位移曲线。由图6.32可以看出，随着岩层厚度比例系数的变小，桩体水平位移值也越来越大，桩身整体水平位移曲线呈现越来越"凸"的趋势，且出现最大水平位移的位置随着岩层厚度比的减小而逐渐下移，这是因为岩层厚度比越小，土层厚度比越大，即桩深度范围内土层较厚，支护结构承受的侧向土体荷载较大，因此桩体变形就越大，桩身最大水平位移位置也随着土层厚度的增加而往下移。桩体变形最小情况岩层厚度比为66%时，此时深度 -8.5m 以下为岩石层，由图看出，在深度 -8.5m 附近位置时，桩体变形曲线开始呈减小趋势；岩层厚度比为52%时，此时深度 -12.0m 以下为岩石层，桩体变形曲线在深度 -12.0 附近位置也开始呈现减小的趋势；其他岩层厚度比例下也呈现出了类似的规律。说明具有一定强度的岩石层自身受荷能力较大，作用在基坑围护结构上的荷载相对较小，因此在岩石层深度范围内桩体水平位移值较小。

由图6.32分析得到，桩体最大水平位移与岩层厚度存在着线性关系，因此下面以岩石层厚度比系数为横坐标 x，不同岩石层厚度比对应的桩体的最大水平位移值为纵坐标 y，对数据进行二次曲线拟合，最后得到拟合曲线函数的表达式为 $y = 133.15 - 311.46x + 229.38x^2$，所得曲线拟合度为 0.95。拟合得到的曲线如图6.33所示。当岩石层厚度比差值为 28%，最大水平位移值差值 26.01mm，即岩石层厚度比每减小 10%，最大水平位移值平均增大 9.28mm，因此岩石土复合地层对基坑支护结构的安全与稳定有着不可忽略的影响。

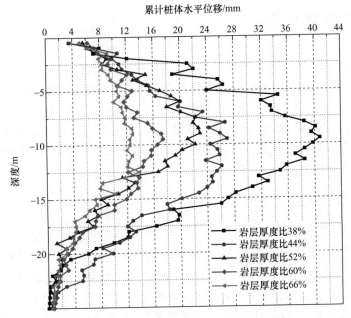

图 6.32　不同岩层厚度比桩体水平位移曲线

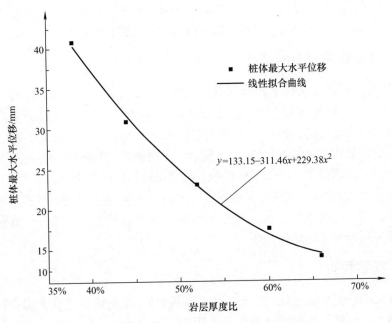

图 6.33　不同岩层厚度比与最大水平位移关系

6.6　实例计算分析

6.1~6.4 节详细阐述了岩土复合地层下考虑基坑开挖过程影响的支护桩内力与变形计算的原理和方法，6.5 节介绍了某地铁站深基坑工程概况，整理了桩—撑支护结构内力与变形的现场监测数据并做了分析。在此基础上，本节应用推导出的支护桩内力与变形的计算公式，以某地铁站深基坑工程为研究背景，对支护结构在膨胀性岩土复合地层条件下的稳定性做理论计算分析，最后将计算结果与现场数据曲线做比较。

6.6.1　遵循的规范与标准

本章以前述某地铁车站深基坑为工程背景，计算膨胀性岩土复合地层下基坑支护结构所受的岩土体荷载，并绘制不同膨胀性岩土复合地层下支护结构的受力模型图；在基坑工程各工序下，对桩—撑支护结构的内力与变形进行计算分析。理论计算中遵循的规范与标准：GB 50157—2013《地铁设计规范》；JGJ 120—2012《建筑基坑支护技术规程》；GB 50007—2011《建筑地基基础设计规范》；GB 50010—2010《混凝土结构设计规范》；GB 50017—2003《钢结构设计规范》；DB 22/45—2004《贵州建筑地基基础设计规范》；DB 22/46—2004《贵州建筑岩土工程技术规范》；GB 50330—2013《建筑边坡工程技术规范》；《岩土工程勘察报告》。

6.6.2　理论计算对象的选择

本次的计算对象选择工程地质条件较差及现场监测数据稳定性较弱的支护结构位置，即选择桩体测斜 ZCX-2 位置处桩体为计算研究对象，测点布设位置如图 6.21 所示。测点 ZCX-2 处岩石层厚度比为 38%，测点设置了四道钢支撑，其桩—撑支护结构剖面情况如图 6.13 所示。应用推导过的理论方法进行计算。

理论计算过程考虑了开挖过程影响，将钢支撑结构的作用力表示为 $R_i = R_{i0} + G_i(\delta'_{i0} - \delta_{i0})$，$R_{i0}$ 为第 i 道钢支撑的预加应力；G_i 为第 i 道钢支撑的刚度；括号里面为支撑处的变形与初变位之差。考虑到膨胀性岩土的复合地层条件，理论计算中采用分段分层分坐标法计算处理。

6.6.3　荷载种类

根据该车站深基坑工程《岩土工程勘察报告》，基坑施工区域上覆土层主要由硬塑红黏土、可塑红黏土及软塑红黏土组成。该地区膨胀性红黏土性质不同于其他类型红土，具有上硬下软、高液塑限、高饱和度、高灵敏度特点，物理力学指标变异较大，在不受扰动的情况下工程力学性能较好。因此当基坑开挖土体卸荷时，在重力作用下红黏土受剪产生变形，土体的变形转化成作用在基坑支护上的压力，即土体变形引发侧荷载。

基坑支护结构与土压力发展关系类似挡土墙与墙后土压力关系，如图 6.34 所示。在土体极限变形范围内，当支护结构向基坑内侧变形移动时，作用在支护结构上的压力为主动土压力 E_a，其大小随支护结构变形递减；当支护结构向基坑外侧变形移动时，此时作用在支护结构上的压力为被动土压力 E_p，其大小随支护结构变形递增。

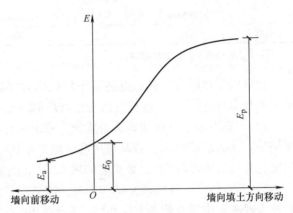

图 6.34　土压力大小与挡土墙位移关系[220]

基坑施工区域的下部岩层主要组成为中风化石灰岩，自身具有一定承载能力，但由于岩层结构面内软弱夹层、破裂面等不良地质情况的存在，在深基坑开挖及爆破施工等影响下，岩层中不良地质结构面会发生变形甚至破坏，从而将会产生作用在基坑支护结构上的侧向荷载。

根据以上分析，基坑开挖过程中，作用于桩—撑支护结构上的荷载主要有基坑开挖引起的土体变形产生的土压力及岩层软弱结构面变形产生的岩石侧压力。另外周围环境中交通车辆的动荷载、高层建筑物荷载及施工过程中建筑材料的堆载、施工机械荷载等也会对基坑支护结构稳定性产生影响，也应当考虑在内，计算过程中可取地面超载 q 为 20kPa。

6.6.4　计算参数的选取

根据《岩土工程勘察报告》，基坑施工场地地层分布情况见 6.5.3 节。本次岩土压力计算时选取的土层物理力学指标见表 6.3。选取的岩层物理力学指标见表 6.4。

表 6.3　土的物理力学性质指标

土层名称	重度 $r/(kN/m^2)$	压缩模量 E_s/MPa	内聚力 c/kPa	内摩擦角 $\varphi/(°)$	承载力特征值 f_{ak}/kPa
填土	19.0	3.6	13.5	20	110
硬塑状黏土	17.2	7.0	34	8	170
可塑状黏土	17.0	5.0	27	6	140
软塑状黏土	16.9	3.65	20	4	80

注：γ 为重度；E_s 为压缩模量；c 为黏聚力；ϕ 为内摩擦角；f_{ak} 为承载力特征值。

表 6.4　岩石的物理力学性质指标

岩层名称	重度 $r/(\mathrm{kN/m^2})$	弹性模量 E/GPa	基床系数 $k/(\mathrm{MPa/m^4})$	等效内摩擦角 $\varphi/(°)$	承载力特征值 f_{ak}/MPa
中风化灰岩	26.7	8.0	500	55	3.5

注：E 为弹性模量；k 为基床系数。

计算岩石侧压力依据的资料与主要规范为《岩土工程勘察报告》及《建筑边坡工程技术规范》[221]，计算方法及参数取值依据如下：

1）当基坑边坡的外侧地表有建筑荷载影响时，可取 $45° + \varphi/2$（φ 表示岩层内摩擦角）为岩层破裂角；若基坑边坡外侧无建筑物时，对 I 类岩体可取 82°；其他情况，II 类岩体可取 72°；III 类岩体取 62°；IV 类岩体取 $45° + \varphi/2$。

2）当岩体存在外倾硬性结构面时，需分别根据 GB 50330—2013《建筑边坡工程技术规范》中第 6 章中方法与等效内摩擦角方法计算支护结构所受岩层侧压力，取两种结果的较大值。

3）若基坑边坡破坏沿岩体的外倾软弱结构面，作用在支护结构上的岩层侧压力应根据 GB 50330—2013《建筑边坡工程技术规范》中第 6 章所述方法做计算。

由于该基坑工程施工区域岩层中存在着外倾软弱结构面，依据上述规范的计算方法，当基坑边坡破坏时沿岩体外倾结构面滑动的情况，作用于支护结构上的主动岩石侧压力计算公式为

$$E_{ak} = \frac{1}{2}\gamma H^2 k_a \tag{6.40}$$

$$k_a = \frac{\sin(\alpha + \beta)}{\sin^2\alpha\sin(\alpha - \delta + \theta - \varphi_j)\sin(\theta - \beta)}[k_q\sin(\alpha + \theta)\sin(\theta - \varphi_j) - \eta\sin\alpha\cos\varphi_j]$$

$$k_q = 1 + \frac{2q\sin\alpha\cos\beta}{\gamma H\sin(\alpha + \beta)}, \quad \eta = 2c_s/\gamma H \tag{6.41}$$

式中，E_{ak} 为主动岩石压力标准值（kN/m）；k_a 为主动岩石压力系数；H 为挡土结构的高度（m）；γ 为岩体的重度（kN/m³）；q 为地表均布外荷载标准值（kPa）；δ 为岩体对支护结构外侧的摩擦角（°）；β 为填土表面与水平面的夹角（°）；α 为支挡结构外侧面与水平面夹角（°）；θ 为岩体外倾结构面的倾角（°）；φ_j 为岩体外倾结构面的内摩擦角（°）。

上式中的相关参数依据规范取值，选取参数时遵循充分考虑岩质边坡的安全稳定性且结合施工现场的地质勘查结果的原则。

6.6.5　侧压力计算结果

在基坑稳定性分析中，首先需要计算的就是作用在基坑支护结构上的岩土压力。采用表 6.3 与表 6.4 中土层和岩层的物理力学性质参数来计算基坑支护桩所受

岩土压力，其中主动岩石压力按照公式(6.40)和(6.41)，侧压力计算时的参数根据《建筑边坡工程技术规范》及工程现场岩土工程勘查报告结果来取值，作用支护桩体上的土压力按朗肯主动土压力理论方法计算，计算公式为 $p_a = \gamma z K_a - 2c \sqrt{K_a}$，式中，$K_a = \tan^2(45° - \frac{\varphi}{2})$ 为主动土压力系数；γ 为土体重度（kN/m^3）；c 为土的黏聚力（kPa）；φ 为土体内摩擦角（°）；z 为计算点距离地表的深度（m）。

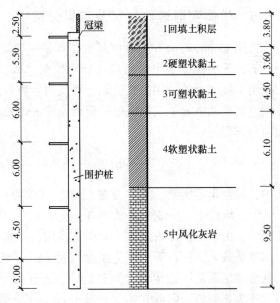

图 6.35　测点 ZCX-2 位置处地层分布情况

测点 ZCX-2 位置处地层分布情况如图 6.35 所示。

测点 ZCX-2 处桩体所受膨胀性岩土复合地层主动压分布如图 6.36 所示。

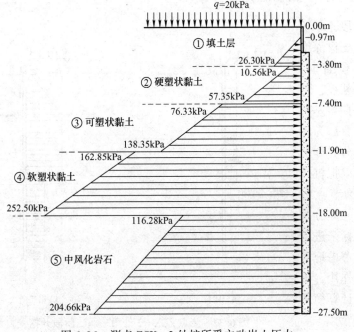

图 6.36　测点 ZCX-2 处桩所受主动岩土压力

6.6.6　桩体变形理论计算及结果分析

应用推导的理论方法对该基坑工程桩—撑支护结构各工序下的内力与变形进行计算，按照施工工序，当基坑分别挖至第一、第二、第三、第四道钢支撑位置及挖至基坑底时，应用公式分别计算反力函数为深度的不同幂指数 n 分布及不同桩体刚度调整系数 ε 下支护桩体的变形，即桩体的水平位移。开挖面下土体中桩体挠度微分方程为

$$EI\frac{\mathrm{d}^4 y_1}{\mathrm{d}x_1^4} = P_l b_s - m_1 x_1^n b_0 y_1 \tag{6.42}$$

式中，n 为非零实数，吴恒立通过现场试验得到黏性土中 n 的取值范围为 $0.5 \sim 1.0^{[62]}$，因此本文分别取 n 为 0.6、0.7、0.8、0.9 与 1.0 来计算分析；基坑开挖过程中，由于土体卸荷及桩土间相互作用，原本计算得到的桩身刚度 EI 应引入一个调整系数 ε，即计算中桩身刚度值为 εEI，规范中 ε 一般取 0.85，在膨胀性岩土复合地层深基坑稳定性计算分析中，各开挖阶段下不能统一将桩身刚度调整系数 ε 视为相同值，因此在本文计算分析中，分别取 ε 为 0.8、0.85、0.9、0.95 来计算分析；在膨胀性岩土复合地层条件下，岩土体侧压力是桩身变形的直接原因，因此要研究岩土层分界位置处侧压力大小对桩身位移的影响。

6.6.7　桩体水平位移理论计算结果

第一阶段，基坑挖至第一道支撑深度（-2.2m）位置时，钢支撑还未架设，若设 h_1 为第一阶段基坑开挖的深度，h_2 为膨胀性岩土层分界处的深度，则可以把桩体以 h_1 与 h_2 为节点分成三段桩单元体分别建立独立坐标来进行计算，同时考虑地面外荷载 q 的作用，该阶段桩体的计算简图如图 6.37a 所示。

先按照规范取

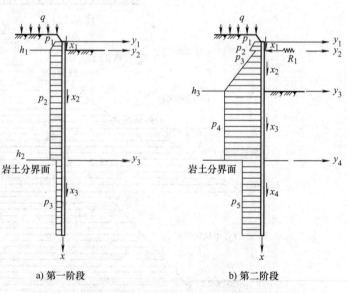

a) 第一阶段　　b) 第二阶段

图 6.37　测点 ZCX-2 处第一、二阶段开挖受力计算

桩身刚度调整系数 ε 为 0.85，取土反抗函数为深度 x 0.6、0.7、0.8、0.9、1.0次幂分布，土抗力函数模数 K 的分布图式如图 6.38 所示，在各分布函数情况下分别计算桩身内力与变形，并将计算结果与现场实测结果对比分析如图 6.39所示。

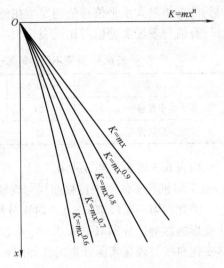

图 6.38　n 取不同值时土抗力模数 K 的分布

根据各段桩的挠曲微分方程通解并考虑节点处变形连续条件、桩的静力平衡条件及桩端处的边界条件，可以求解得到第一阶段桩体水平位移理论计算值，n 分别取 0.6、0.7、0.8、0.9 及 1.0 时的计算结果与该阶段现场实测数据对比如图 6.39 所示。

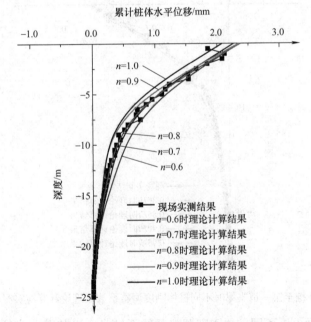

图 6.39　开挖至第一道支撑时不同 n 值情况理论计算与实测对比曲线

由第一阶段的理论计算结果可以得到开挖面 h_1 处桩的水平位移值 $f(x_1)|_{x_1=h_1} = 2.12\mathrm{mm}$，该值即考虑基坑开挖过程影响的第一道钢支撑处的初变位 δ_{10}，即有初变位 $\delta_{10} = 2.12\mathrm{mm}$。当 n 由 0.6 取至 1.0 时，桩身整体水平位移逐渐减小，变化曲线也逐渐向内凸起，与现场实测曲线对比发现，现场实测结果与理论计算结果

得到的桩体最大水平位移值均发生在桩顶位置处，在 n 取不同值条件下桩顶水平位移计算值与现场实测值对比见表 6.5。

表 6.5　n 取不同值时第一阶段桩身最大水平位移值分析

n 值	$n=0.6$	$n=0.7$	$n=0.8$	$n=0.9$	$n=1.0$
最大水平位移值/mm	2.26	2.19	2.06	2.02	1.99
与实测值差	6.6%	3.3%	-3.8%	-4.7%	-6.1%

由表 6.5 得到，当 n 取 0.7 时，理论计算值与现场实测值仅相差 3.3%，且取 $n=0.7$ 时桩身整体水平位移曲线与现场实测曲线更加接近。

因此，第一阶段取 $n=0.7$ 时来分析不同桩体刚度调整系数 ε 情况下对支护桩体变形的影响，分别取 ε 为 0.80、0.85、0.90 及 0.95，理论计算得到桩身水平位移变化曲线与现场实测结果对比如图 6.40 所示。

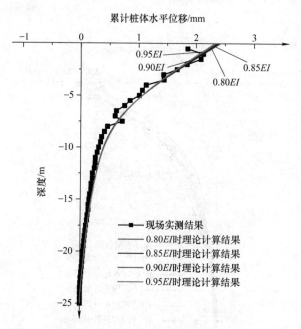

图 6.40　开挖至第一道支撑时不同桩体刚度调整系数 ε 理论计算与实测对比曲线

由图 6.40 看出，不同桩体刚度调整系数下桩身水平位移曲线较为接近，差值均在 0.2mm 范围内，在 ε 取不同值时桩顶水平位移计算值与现场实测值对比见表 6.6。

表 6.6 ε 取不同值时第一阶段桩身最大水平位移值分析

ε 值	$\varepsilon = 0.80$	$\varepsilon = 0.85$	$\varepsilon = 0.90$	$\varepsilon = 0.95$
最大水平位移值/mm	2.41	2.37	2.34	2.31
与实测值差	13.6%	12.0%	10.5%	9.2%

由表 6.6 得，不同桩体刚度调整系数 ε 下理论计算值与现场实测值相差都较小，基本在 10% 范围内，当 ε 取 0.95 时，理论计算值与现场实测值相差最小，为 9.2%。

第二阶段，设计深度（-2.2m）处布设了第一道钢支撑，基坑开挖至第二道支撑（-8.2m）位置，由于第一道钢支撑的架设，可以以支撑处、开挖面及岩土分层处位置为节点，理论计算时可以将桩分成四段来考虑，则此时桩的计算受力简图如图 6.37b 所示。理论计算时先按照规范取桩身刚度调整系数 ε 为 0.85，同理取土抗力函数为深度 x 的 0.6、0.7、0.8、0.9、1.0 次幂分布，土抗力函数模数 K 如图 6.38 所示，在各分布函数情况下分别计算桩身内力与变形，并将计算结果与现场实测结果分析，如图 6.41 所示。

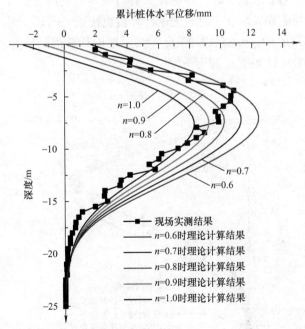

图 6.41 开挖至第二道支撑时不同 n 值情况理论计算与实测对比曲线

由第二阶段的理论计算结果可以得到此时第一道钢支撑 h_1 处桩的水平位移值 $f(x_2)|_{x_2=h_1} = \delta'_{10} = 2.62\text{mm}$，该值与第一阶段时第一道钢支撑处的初变位 δ_{10} 的差

值（$\delta'_{10} - \delta_{10}$）才是第一道钢支撑位置处的实际弹性变位。此时通过式（6.23）即可算出考虑基坑开挖过程影响下的第一道支撑力 R_1

$$R_1 = R_{10} + G_1(\delta'_{10} - \delta_{10}) = 340\text{kN} + 5.35 \times 10^5 \times (2.62 - 2.12) \times 10^{-3}\text{kN}$$
$$= 560.65\text{kN}$$

当 n 由 0.6 取至 1.0 时，桩身整体水平位移逐渐减小，变化曲线向外凸的趋势也逐渐减小，但最大水平位移产生位置基本不变，与现场实测曲线对比得到，曲线显示现场实测结果与理论计算结果得到的桩体最大水平位移值均发生在开挖面附近，n 取不同值时第二阶段桩身最大水平位移计算值与现场实测值对比见表 6.7。

表 6.7　n 取不同值时第二阶段桩身最大水平位移值分析

n 值	$n = 0.6$	$n = 0.7$	$n = 0.8$	$n = 0.9$	$n = 1.0$
最大水平位移值/mm	12.43	11.29	10.23	9.22	9.27
与实测值差	14.7%	4.2%	-5.6%	-14.9%	-23.7%

由表 6.7 得，当 n 取 0.7 时，理论计算值与现场实测值相差在 5% 范围内，且桩顶水平位移实测值在 n 取 0.7 时与理论计算值更接近。同理，第二阶段下取桩身刚度调整系数 ε 为 0.80、0.85、0.90 及 0.95，理论计算得到桩身水平位移变化曲线与现场实测结果对比如图 6.42 所示。

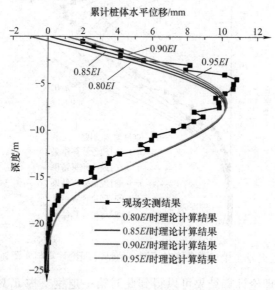

图 6.42　开挖至第二道支撑时不同桩体刚度调整系数 ε 理论计算与实测对比曲线

由图 6.42 看出，不同桩体刚度调整系数下桩身水平位移曲线主要差别在开挖面以上桩身变形值，在 ε 取不同值时桩顶水平位移计算值与现场实测值对比见表 6.8。

表 6.8　ε 取不同值时第二阶段桩顶水平位移值分析

ε 值	$\varepsilon = 0.80$	$\varepsilon = 0.85$	$\varepsilon = 0.90$	$\varepsilon = 0.95$
水平位移值/mm	0.09	1.14	2.06	2.88
与实测值差	-0.8%	-0.4%	-0.1%	0.2%

由表 6.8 得到，不同桩体刚度调整系数 ε 下理论计算值与现场实测值相差较大，当 ε 取 0.9 时，理论计算值与现场实测值相差最小，为 -0.1%。

第三阶段，安置第二道支撑，基坑挖至第三道支撑深度（-13.5m）位置，同样理论计算中在基坑开挖面、支撑位置、土层分层及岩土分界位置处对桩体进行分段处理，则此时桩的计算简图如图 6.43a 所示。此时由于基坑开挖面以下部分土体高度仅有 2.0m 左右，指数 n 对桩身变形的影响已较小，由前两阶段得出 n 的取值为 0.7 或 0.8 较为合理，因此在第三阶段中，取 n 为 0.7，理论计算得到桩身水平位移变化曲线与现场实测结果对比如图 6.44 所示。

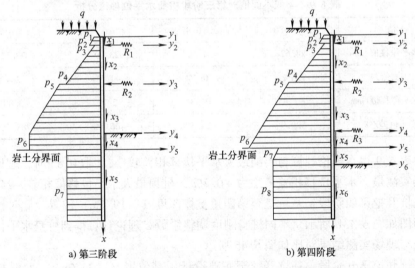

a) 第三阶段　　　　　　　b) 第四阶段

图 6.43　测点 ZCX-2 处第三、四阶段开挖受力计算

由图 6.44 看出，随着桩身刚度调整系数的增大，桩身最大水平位移值减小，但桩顶处水平位移发展趋势逐渐向外，在 ε 取不同值时桩顶水平位移与桩身最大水平位移计算值与现场实测值对比见表 6.9。

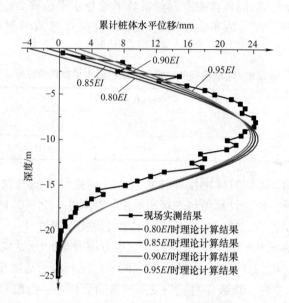

图 6.44   开挖至第三道支撑时不同桩体刚度调整系数 ε 理论计算与实测对比曲线

表 6.9   ε 取不同值时第三阶段桩身水平位移值分析

ε 值	ε = 0.80	ε = 0.85	ε = 0.90	ε = 0.95
最大水平位移值/mm	24.62	24.28	23.99	23.72
与实测值差	1.3%	−0.2%	−1.5%	−2.4%
桩顶水平位移值/mm	−1.84	0.33	2.22	3.88
与实测值差/%	−520.9%	−24.5%	406.6%	783.7%

由表 6.9 得，理论计算与实测最大水平位移相差较小，ε 取 0.85 时，理论计算与现场实测最大水平位移相差最小为 −0.2%，桩顶最大水平位移值相差 −24.5%。

基坑开挖第四阶段，基坑挖至第四道支撑深度（−19.5m）位置，此时桩体的计算简图如图 6.43b 所示。不同桩身刚度调整系数 ε 理论计算得到桩身水平位移变化曲线与现场实测结果对比如图 6.45 所示。

基坑开挖第五阶段，基坑开挖至底部设计标高位置（−23.0m），此时桩的计算简图如图 6.46 所示。同理得不同桩身刚度调整系数 ε 理论计算得到桩身水平位移变化曲线与现场实测结果对比如图 6.47 所示。

由图 6.47 看出，随着桩身刚度调整系数的增大，桩身最大水平位移值减小，桩身变形曲线外凸程度越小，在 ε 取 0.85 时理论计算所得桩身水平位移最大值与现场实测值更接近。

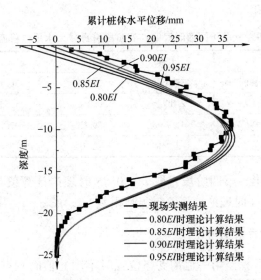

图 6.45　开挖至第四道支撑时不同桩体刚度调整系数 ε 理论计算与实测对比曲线

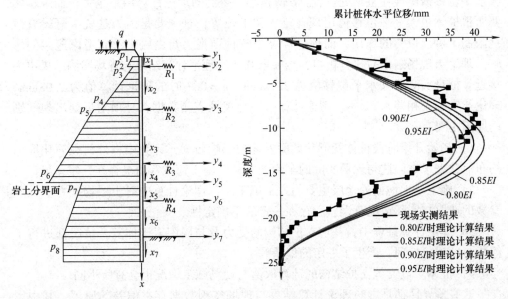

图 6.46　测点 ZCX-2 处第五
阶段开挖受力计算

图 6.47　开挖至基坑底时不同桩体
刚度调整系数 ε 理论计算与实测对比曲线

第四阶段与第五阶段不同桩身刚度调整系数理论计算桩体最大水平位移与实测数据对比见表 6.10。

表 6.10 ε 取不同值时第四、五阶段桩身最大水平位移值分析

ε 值		$\varepsilon=0.80$	$\varepsilon=0.85$	$\varepsilon=0.90$	$\varepsilon=0.95$
第四阶段	最大水平位移值/mm	37.39	36.74	36.12	35.53
	与实测值差	2.0%	0.2%	1.5%	-3.1%
第五阶段	最大水平位移值/mm	41.76	39.65	37.75	36.03
	与实测值差	-2.4%	-2.7%	-7.4%	-11.6%

由表 6.10 中看出，第四阶段，取 $\varepsilon=0.85$ 时理论计算值与实测相差 0.2%；第五阶段，取 $\varepsilon=0.8$ 时理论计算值与实测相差 -2.4%。

6.6.8 理论计算结果分析

图 6.39 为基坑开挖至第一道钢支撑位置时不同 n 值时测点 ZCX - 2 处桩身变形理论计算值与实测桩体水平位置值对比曲线。在基坑初始开挖阶段，桩身水平位移值整体都不大且随深度增加逐渐减小，不同 n 值情况理论计算结果所得桩体最大水平位移值出现在桩顶处位置，n 值越小，得到的理论计算结果越大，而现场实测所得桩体最大水平位移值出现在桩顶偏下位置，这主要是因为基坑中冠梁有效地限制了桩顶位移的作用，而理论计算中将桩顶视为自由端，没有考虑冠梁的影响。理论与现场结果对比分析得，当 n 取 0.7 时理论计算结果与现场实测结果更为接近，桩身实测最大水平位移值为 2.12mm，$n=0.7$ 时的理论计算值为 2.08mm，理论与实测仅相差 -3.3%。理论计算结果与现场实测数据在桩顶附近处出现差别的原因主要有：

1）初始开挖阶段桩体变形受地面外荷载影响较大，计算中将外荷载简化成一均布荷载来考虑，这与现场实际的车辆动荷载、施工荷载等情况存在一定差异。

2）施工场地地面处地层主要为人工填土层，理论计算中对土层物理力学性质参数的选取与实际情况有误差，存在一定的不确定性。

3）理论计算过程中，基坑支护结构的受力及与周围岩土体复合情况都进行了简化与理想化处理，产生了一定的偏差。

4）桩体、冠梁等支护结构的计算取值与现场施工情况也会有所不同。

这些差异性都是影响理论计算结果与现场实测数据存在偏差的原因，其中影响程度较大的是岩石土地层物理力学性质参数取值。

图 6.40 为基坑开挖至第一道支撑时在 $n=0.7$ 情况下不同桩身刚度调整系数 ε 下理论计算与现场实测对比曲线。在取桩身刚度分别为 $0.8EI$、$0.85EI$、$0.9EI$、$0.95EI$ 时理论计算结果曲线相差均较小，与现场实测结果最大差仅为 13.6%，出

现该情况的主要原因是基坑初始开挖阶段，开挖深度较小，因此桩身刚度对桩身变形的影响也较小。

图 6.41 为第一道支撑架设后，基坑开挖至第二道支撑位置时不同 n 值下的理论计算结果与现场实测数据对比图。该阶段桩顶处水平位移大小与第一阶段时的值差别不大，这是因为第一道支撑发挥了支护作用，有效地抑制了桩顶处的变形，最大水平位移位置也因此发生下移；理论计算结果受 n 值的影响较大，n 值越大，得到的桩身变形越小，桩顶水平位移表现为先减小再反向增大的形式。当 n 取 0.7 或 0.8 时，理论计算结果与现场实测结果曲线变化趋势更加接近。理论计算与现场实测得到的桩身最大水平位移都位于基坑开挖面的位置附近，现场实测值为 10.83mm，$n=0.7$ 时理论计算值为 11.29mm，与实测相差 4.2%，$n=0.8$ 时理论计算值为 10.23mm，与实测相差 -5.6%，其中理论计算产生的最大水平位移位置较现场实测的位置靠下 2m 左右。理论计算所得结果与现场实测变形曲线的变化趋势比较相似，且有一共同特点，即都在膨胀性岩土分界位置（-15.5m）附近出现明显拐点，这是因为在理论计算中，由于岩石土物理力学性质的较大差异，在膨胀性岩土分界位置做了分段计算，同样在支撑位置及不同土层分界处都做了分段计算，这样能够让理论计算结果更接近现场实际，减小计算误差。

图 6.42 为基坑开挖至第二道支撑时在 $n=0.7$ 情况下不同桩身刚度调整系数 ε 下的理论计算与现场实测对比曲线。在取桩身刚度分别为 $0.8EI$、$0.85EI$、$0.9EI$、$0.95EI$ 时，理论计算结果曲线在开挖面以上部分桩体差别相对大些，即不同桩身刚度调整系数对桩身最大水平位移值影响不大，对桩顶附近处变形影响较大。当 ε 取 0.9 时桩顶处变形理论计算值与现场实测相差最小，为 4.2%，而按规范取 ε 为 0.85 时相差达到 -42.4%，出现该情况的主要原因是在膨胀性岩土复合地层情况下，由于岩石强度相对较大，嵌固于岩层中的桩身刚度相对也会大些，因此桩体变形理论计算中的桩身刚度调整系数应根据实际工程概况做相应调整。

图 6.43 为第二道支撑架设后，基坑开挖至第三道支撑位置时不同桩身刚度调整系数 ε 下的理论计算与实测结果对比曲线图。对桩体前三分之一段，桩身刚度调整系数越大，桩身变形越大；对桩体后半段，桩身刚度调整系数越大，桩身变形越小；总体看来，当桩身刚度取为 $0.85EI$ 时理论计算结果与现场实测结果趋势更接近，其中理论计算的桩顶的水平位移值与实测值相差 2.5%，桩身最大水平位移值与实测值相差 -0.2%。理论计算结果在桩顶位置、支撑位置变形均不大，这是由于第一、二道支撑发挥了支护作用，理论计算得到的桩身最大水平位置相对偏下 2.0m 左右。与圆滑的理论计算结果曲线相比，现场实测曲线不规则波动现象较为明显，这是因为当基坑开挖深度较大时，现场爆破施工方法对现场实测数据有一定影响，而理论计算没有考虑爆破施工震动的影响，但总体来看，不论是理论计算结果还是现场实测结果，桩身的水平位移值都在安全规范的范围。因此，根

据理论计算所得结果进行基坑支护结构的设计和施工，可以有效保证基坑开挖过程中围护结构的安全稳定性。

图 6.45 显示的是基坑开挖至第四道支撑位置（-19.5m）时。不同桩身刚度调整系数 ε 下的理论计算曲线变化趋势规律与上一阶段相同，当 ε 取 0.85 时理论计算结果曲线与现场实测桩体变形曲线趋势相近，水平位移值在第三道与第四道支撑间开始快速减小，水平位置最大值位置也位于开挖面以上，这是由于第四道支撑位置已位于岩层部分。图 6.47 中的理论计算曲线与上一阶段差别较小，整体曲线变化趋势也相似，当 ε 取 0.8 时理论计算结果曲线与现场实测桩体变形曲线趋势相近，桩体最大水平位移值位于第三道支撑与第四道支撑之间，这主要是因为第四道支撑到基坑底之间为岩层地质，但岩层处爆破施工的方法导致现场实测数据出现不规则的波动。

由上述分析结果总结得到，在膨胀性岩土复合地层条件下，由于岩层与土层物理力学性质的差异性及地下支护结构受力的复杂性，理论计算应用考虑开挖过程影响以及分段分坐标的计算方法，当土抗力函数 $p(x)$ 与深度 x 呈 0.7 指数分布时计算结果与现场实测结果的变形趋势及最大水平位移值位置大致符合，桩身刚度对桩体变形影响规律为：当基坑开挖深度不大时，桩身刚度对桩体变形影响相对较小；随着基坑开挖深度的不断加深，桩身刚度对桩体变形影响也逐渐变大；整体看来，桩身刚度大小对桩体变形的影响主要为变形值大小的影响，基坑开挖深度不大时，桩身刚度取值偏大些所得理论计算结果更符合现场实测，基坑开挖深度增大时，桩身刚度取值偏小些所得理论计算结果更符合现场实测。桩身水平位移变化趋势都表现为：钢支撑与开挖面位置处的变形速率会相对减小，在岩层和土层分界面位置处，桩体变形快速减小而出现明显拐点，岩层部位桩身变形都较小。所得理论计算值较实测数据偏大，但差值基本在可控范围，这也有利于基坑支护结构设计时偏于安全，以保证开挖施工过程中支护结构的稳定性。

参 考 文 献

[1] Biot M A. General theory of three dimensional consolidation [J]. J. Appl. Phys. , 1941, 12: 155 – 164.

[2] Brace W F, Walsh J B. Permeability of granite under high pressure [J]. J. Geophys. Res. , 1978, 73(6): 2225 – 2236.

[3] Snow D T. Rock fracture spacing: Opening and Porosity [J]. J. Soil Mech. Found. ASCE, 1968, 4 (SM1): 73 – 91.

[4] 何翔, 冯夏庭, 张东晓. 岩体渗流 – 应力耦合有限元计算的精细积分方法 [J]. 岩石力学与工程学报, 2006(10): 2003 – 2008.

[5] 仵彦卿. 地下水与地质灾害 [J]. 地下空间, 1999, 19 (4): 303 – 310.

[6] 盛金昌, 速宝玉. 裂隙岩体渗流应力耦合研究综述 [J]. 岩石力学, 1998(2): 92 – 98.

[7] 周翠英, 彭泽英. 论岩土工程中水–岩相互作用研究的焦点问题 [M]. 岩土力学, 2002, 23 (1): 124 – 128.

[8] 叶源新, 刘光廷. 岩石渗流应力耦合特性研究 [J]. 岩石力学与工程学报, 2005(14): 2518 – 2525.

[9] 陈卫忠, 邵建富, Duveau G, 等. 黏土岩饱和 – 非饱和渗流应力耦合模型及数值模拟研究 [J]. 岩石力学与工程学报, 2005(17): 3011 – 3016.

[10] 王建秀, 胡力绳, 张金, 等. 高水压隧道围岩渗流–应力耦合作用模式研究 [J]. 岩土力学, 2008, 29(S1): 237 – 240.

[11] 韩炜洁, 梅甫良, 侯密山. 状态方程法在渗流–应力耦合场求解中的应用 [J]. 岩土力学, 2008(1): 203 – 206, 211.

[12] 张春会. 非均匀、随机裂隙展布岩体渗流应力耦合模型 [J]. 煤炭学报, 2009, 34(11): 1460 – 1464.

[13] 贾彩虹, 王翔, 王媛. 考虑渗流–应力耦合作用的基坑变形研究 [J]. 武汉理工大学学报, 2010, 32(1): 119 – 122.

[14] 刘洋, 李世海, 刘晓宇. 基于连续介质离散元的双重介质渗流应力耦合模型 [J]. 岩石力学与工程学报, 2011, 30(5): 951 – 959.

[15] 陶煜, 刘卫群. 裂隙岩体渗流–应力耦合等效渗流阻模型 [J]. 岩土力学, 2012, 33(7): 2041 – 2047.

[16] 张玉, 徐卫亚, 邵建富, 等. 渗流 – 应力耦合作用下碎屑岩流变特性和渗透演化机制试验研究 [J]. 岩石力学与工程学报, 2014, 33(8): 1679 – 1690.

[17] 师文豪, 杨天鸿, 于庆磊, 等. 层状边坡各向异性岩体渗流–应力耦合模型及工程应用 [J]. 岩土力学, 2015, 36(8): 2352 – 2360.

[18] 陈卫忠, 龚哲, 于洪丹, 等. 黏土岩温度–渗流–应力耦合特性试验与本构模型研究进展 [J]. 岩土力学, 2015, 36(5): 1217 – 1238.

[19] 卢玉林, 薄景山, 陈晓冉, 等. 渗流耦合作用的基坑两级边坡应力场分析 [J]. 地下空间与工程学报, 2016, 12(4): 946-951, 1076.

[20] 刘念. 深井富水砂岩冻结解冻后的渗流应力耦合试验研究 [D]. 北京: 中国矿业大学(北京), 2017.

[21] 曾晋. 温度-渗流-应力耦合作用下岩石损伤及声发射特征研究 [J]. 水文地质工程地质, 2018, 45(1): 69-74.

[22] 张玉卓, 张金才. 裂隙岩体渗流与应力耦合的试验研究 [J]. 岩土力学, 1997(4): 59-62.

[23] 仵彦卿. 裂隙岩体应力与渗流关系研究 [J]. 水文地质工程地质, 1995(6): 30-35.

[24] 刘波, 韩彦辉. FLAC 原理、实例与应用指南 [M]. 北京: 人民交通出版社, 2005.

[25] 杨天鸿, 唐春安, 李连崇, 等. 非均匀岩石破裂过程渗透率演化规律研究 [J]. 岩石力学与工程学报, 2004, 23 (5): 758-762.

[26] 贾善坡, 陈卫忠, 于洪丹, 等. 泥岩隧道施工过程中渗流场与应力场全耦合损伤模型研究 [J]. 岩土力学, 2009, 30(1): 19-26.

[27] 沈振中, 张鑫, 孙粤琳. 岩体水力劈裂的应力-渗流-损伤耦合模型研究 [J]. 计算力学学报, 2009, 26(4): 523-528.

[28] 李金兰. 泥岩渗流—应力—损伤耦合及渗透性自愈合研究 [D]. 武汉: 武汉大学, 2014.

[29] 冉小丰, 王越之, 贾善坡, 等. 基于渗流-应力-损伤耦合模型的泥页岩井壁稳定性研究 [J]. 中国科技论文, 2015, 10(3): 370-374.

[30] 王军祥, 姜谙男, 宋战平. 岩石弹塑性应力-渗流-损伤耦合模型研究(Ⅱ): 参数反演及数值模拟 [J]. 岩土力学, 2015, 36(12): 3606-3614.

[31] 毕靖. 应力、渗流、温度及损伤耦合作用下裂隙岩体破裂机理及广义粒子动力学 (GPD) 模拟分析 [D]. 重庆: 重庆大学, 2016.

[32] 赵延林, 曹平, 马文豪, 等. 岩体裂隙渗流-劈裂-损伤耦合模型及应用 [J]. 中南大学学报(自然科学版), 2017, 48(3): 794-803.

[33] 陆银龙. 渗流-应力耦合作用下岩石损伤破裂演化模型与煤层底板突水机理研究 [D]. 徐州: 中国矿业大学, 2013.

[34] 杨延毅, 周维垣. 裂隙岩体的渗流-损伤耦合分析模型及其工程应用 [J]. 水利学报, 1991(5): 19-27, 35.

[35] 李世平, 李玉寿, 吴振业. 岩石全应力应变过程对应的渗透率-应变方程 [J]. 岩土工程学报, 1995(2): 13-19.

[36] 刘耀儒, 杨强, 黄岩松, 等. 基于双重孔隙介质模型的渗流-应力耦合并行数值分析 [J]. 岩石力学与工程学报, 2007(4): 705-711.

[37] 汤连生, 周萃英. 渗透与水化学作用之受力岩体的破坏机理 [J]. 中山大学学报(自然科学版), 1996(6): 96-101.

[38] 葛修润, 任建喜, 蒲毅彬, 等. 岩土损伤力学宏细观试验研究 [M]. 北京: 科学出版社, 2004.

[39] 王清，王凤艳，肖树芳. 土微观结构特征的定量研究及其在工程中的应用 [J]. 成都理工学院学报，2001，28（2）：148－153.

[40] 刘波，陶龙光，严继华，等. 广州地铁复杂红层岩土 SEM 微观实验研究 [C] //第十届土力学及岩土工程学术会议论文集. 重庆：重庆大学出版社，2007：406－411.

[41] 程昌炳，刘少军，王远发，等. 胶结土的凝聚力的微观研究 [J]. 岩石力学与工程学报，1999，18（3）：322－326.

[42] Alonso E E, Vaunat J, Gens A. Modelling the mechanical behaviour of expansive clays [J]. Engineering Geology, 1999, 54: 173 – 183.

[43] 姜洪涛. 红黏土的成因及其对工程性质的影响 [J]. 水文地质工程地质，2000，27（3）：33－37.

[44] 赵颖文，孔令伟，等. 广西红黏土击实样强度特性与胀缩性能 [J]. 岩土力学，2004，25（3）：369－374.

[45] 赵颖文，孔令伟，等. 典型红黏土与膨胀土的对比试验研究 [J]. 岩石力学与工程学报，2004，23（15）：2593－2598.

[46] 徐永福. 膨胀土弹塑性本构理论的初步研究 [J]. 河海大学学报，1997，25（4）：97－99.

[47] 郝月清，朱建强. 膨胀土胀缩变形的有关理论及其评析 [J]. 水土保持通报，1999，19（6）：58－61.

[48] 卢再华，陈正汉，等. 原状膨胀土剪切损伤演化的定量分析 [J]. 岩石力学与工程学报，2004，23（9）：1428－1432.

[49] Thomas H R, Cleall P J. Inclusion of expansive clay behaviour in coupled thermo hydraulic mechanical models [J]. Engineering Geology. 1999, 54: 93 – 108.

[50] Yusuf Erzin, Orhan Erol. Swell pressure prediction by suction method [J]. Engineering Geology, 2007, 92: 3－4.

[51] Lynn Schreyer Bennethum. Theory of flow and deformation of swelling porous materials at the macroscale [J]. Computers and Geotechnics , 2007, 34: 267－278.

[52] Holtz W G, Gibbs H J. Engineering Properties of Expansive Clays [J]. Theoretical Biology & Medical Modelling, 1956, 8(1): 269－276.

[53] 廖济川. 开挖边坡中膨胀土的工程地质特性 [C] //非饱和土理论与实践学术研讨会论文集. 北京：中国土木工程学会土力学及基础工程学会，1992：102－117.

[54] 孔官瑞. 膨胀土边坡问题研究现状 [J]. 土工基础，1994（2）：8－12.

[55] 李妥德，赵中秀. 用矿碴复合料改良膨胀土的工程性质 [J]. 岩土工程学报，1993（5）：11－23.

[56] Bishop A W, Eldin A K G. Undrained triaxial test on saturated sands and their significance in the general theory of shear strength [J]. Geotechnique, 1950: 13－32.

[57] Fredlund D G, Xing A Q. Equations for the soil-water characteristic curve [J]. Canadian Geotechnical Journal, 1994, 31（4）: 521－532.

[58] Fredlund D G, Morgenstern N R. Stress state variables for unsaturated soils [J]. Geotechnique,

1977: 447 -466.

[59] Fredlund D G, Morgenstern N R, Widger R A. Shear-strength of unsaturated soils [J]. Canadian Geotechnical Journal, 1978, 15 (3): 313 - 321.

[60] 卢肇钧. 非饱和土的抗剪强度与膨胀压力 [C] //非饱和土理论与实践学术研讨会论文集. 北京: 中国土木工程学会土力学及基础工程学会, 1992: 90 - 101.

[61] Liu Zhi bin, Shi Bin, et al. Magnification effects on the interpretation of SEM images of expansive soils [J]. Engineering Geology , 2005, 78: 89 - 94.

[62] Fukue M, Minato T, Horibe H, et al. The micro - structures of clay given by resistivity measurements [J]. Engineering Geology, 1999, 54: 43 - 53.

[63] Derjaguin B V, et al. Surface Forces [M]. New York: Consultants Bureau , 1987.

[64] Derjaguin B V. Correct form of the equation of capillary condensation in porous bodies [C] // Proc. Second Int. Congr. Surf. , 1957, 2: 153 - 159.

[65] Ohshima H. Effective surface potential and double - layer interaction of colloidal particles [J]. Jourmal of Colloid and Interface Science, 1995, 174: 45 - 52.

[66] Quirk J P. Soil permeability in relation to sodicity and salinity [J]. Phil. Trans. R. Soc. Lond. , 1986, 316: 297 - 317.

[67] Markus Tuller, Dani Or. Hydraulic functions for swelling soils: pore scale considerations [J]. Journal of Hydrology, 2003, 272 (1): 50 - 71.

[68] 谭罗荣, 孔令伟. 某类红黏土得基本特性与微观结构模型 [J]. 岩土工程学报, 2001, 23 (4): 458 - 462.

[69] 黄质宏, 朱立军, 廖义玲, 等. 不同应力路径下红黏土的力学特性 [J]. 岩石力学与工程学报, 2004, 23(15): 2599 - 2603.

[70] 曹雪山. 非饱和膨胀土的弹塑性本构模型研究 [J]. 岩土工程学报, 2005, 27(7): 832 - 836.

[71] 吴礼舟, 黄润秋. 膨胀土开挖边坡吸力和饱和度的研究 [J]. 岩土工程学报, 2005, 27 (8): 970 - 973.

[72] 何开胜. 结构性黏土的微观变形机理和弹粘塑损伤模型研究 [D]. 南京: 南京水利科学研究院, 2001.

[73] 沈珠江. 土力学理论研究中的两个问题 [J]. 岩土工程学报, 1992, 14 (3): 99 - 100.

[74] Hoffmann C, Alonso E E, Romero E. Hydro - mechanical behaviour of bentonite pellet mixtures [J]. Physics and Chemistry of the Earth, 2007, 32: 832 - 849.

[75] Navarro V, Alonso E E. Modeling swelling soils for disposal barriers [J]. Computers and Geotechnics, 2000, 27: 19 - 43.

[76] Romero E, Gens A, Lloret A. Water permeability, water retention and microstructure of unsaturated compacted Boom clay [J]. Engineering Geology, 1999, 54: 117 - 127.

[77] Morris P H, Graham, et al. Cracking in drying soils [J]. Can Geotech, 1992, 29: 264 - 277.

[78] Penev, Kawamura. Estimation of Spacing and Width of Cracks Caused by Shrinkage in the Cement -

treated Slab under Restraint [J]. Cement and Concrete Research, 1993, 23: 925 - 932.

[79] Chertkov V Y. Using Surface Crack Spacing to Predict Crack Network Geometry in Swelling Soils [J]. Soil Science, 1999(63): 1524 - 1530.

[80] 袁俊平. 非饱和膨胀土裂隙的量化模型与边坡稳定研究 [D]. 南京: 河海大学, 2003.

[81] 胡卸文, 朱春润, 应丹琳. 成都二级阶地黏土的工程地质特性 [J]. 成都地质学院学报, 1992(02): 89 - 95.

[82] 易顺民. 膨胀土裂隙结构的分形特征及其意义 [J]. 岩土工程学报, 1999, 21(3): 294 - 298.

[83] 徐永福. 非饱和膨胀土的结构模型和力学性质的研究 [D]. 南京: 河海大学, 1997.

[84] 黎伟, 刘观仕, 姚婷. 膨胀土裂隙图像处理及特征提取方法的改进 [J]. 岩土力学, 2014, 35(12): 3619 - 3626.

[85] 韦秉旭, 黄震, 高兵. 压实膨胀土表面裂隙发育规律及与强度关系研究 [J]. 水文地质工程地质, 2015, 42(1): 100 - 105.

[86] 速宝玉, 詹美礼, 张祝添. 充填裂隙渗流特性实验研究 [J]. 岩土力学, 1994, 15(4): 46 - 52.

[87] 孙役, 王恩志, 陈兴华. 降雨条件下的单裂隙非饱和渗流实验研究 [J]. 清华大学学报, 1999, 39(11): 15 - 17.

[88] 柴军瑞, 仵彦卿. 变隙宽裂隙的渗流分析 [J]. 勘察科学技术, 2000(3): 39 - 41.

[89] 詹美礼, 胡云进, 速宝玉. 裂隙概化模型的非饱和渗流试验研究 [J]. 水科学进展, 2002, 13(2): 173 - 178.

[90] 姚海林, 徐人平, 等. 膨胀土水土特性试验研究 [J]. 岩石力学与工程学报, 2001, 20(增1): 989 - 992.

[91] 卢再华. 原状膨胀土的强度变形特征及其本构特征研究 [J]. 岩土力学, 2001, 22(3): 339 - 342.

[92] 詹良通, 吴宏伟, 包承纲, 等. 降雨入渗条件下非饱和膨胀土边坡原位监测 [J]. 岩土力学, 2003(2): 151 - 158.

[93] 缪林昌, 于昕. 膨胀土中的吸力预测研究(英文) [J]. Journal of Southeast University(English Edition), 2004(3): 364 - 368.

[94] 韦秉旭, 周玉峰. 宁明膨胀土侧限有荷膨胀变形试验研究 [J]. 力学与实践, 2006(6): 64 - 68.

[95] 王保田, 张福海. 膨胀土的改良技术与工程应用 [M]. 北京: 科学出版社, 2008.

[96] 郑健龙, 刘平. 膨胀土土水特征曲线的研究 [J]. 长沙交通学院学报, 2006, 22(4): 1 - 5.

[97] 卢肇钧. 黏性土抗剪强度研究的现状与展望 [J]. 土木工程学报, 1999, 32(4): 3 - 9

[98] 徐永福. 膨胀土地基承载力研究 [J]. 岩石力学与工程学报, 2000(3): 387 - 390.

[99] 孔令伟, 郭爱国, 陈善雄, 等. 膨胀土的承载强度特征与机制 [J]. 水利学报, 2004, 11: 54 - 60.

[100] 孔令伟, 周葆春, 白颢, 等. 荆门非饱和膨胀土的变形与强度特性试验研究 [J]. 岩土力学, 2010, 31(10): 3036 – 3042.

[101] 赵鑫, 阳云华, 朱瑛洁, 等. 裂隙面对强膨胀土抗剪强度影响分析 [J]. 岩土力学, 2014, 35(1): 130 – 133.

[102] 杨和平, 王兴正, 肖杰. 干湿循环效应对南宁外环膨胀土抗剪强度的影响 [J]. 岩土工程学报, 2014, 2(14).

[103] Feng X T, Pan P Z, Zhou H. Simulation of the rock microfracturing process under uniaxial compression using an elasto – plastic cellular automaton [J]. International Journal of Rock Mechanics and Mining Sciences, 2006, 43(7): 1091 – 1108.

[104] Montheilet F, Gilomini P. Predicting the mechanical behavior of two – phase materials with cellular atutoma ta [J]. International Journal of Plasticity, 1996, 12(4): 561 – 574.

[105] 尾田十八, 刘江林. セルラ ォートマトンを利用した薄板補強リブの最適化 [C] // 日本機械学会論文集. 1998, 64(626): 2435 2440.

[106] Bernsdorf J, Durst F, Schafer M. Comparison of cellular automata and finite Volume techniques simulation of incompressible flows in complex geometries [J]. International Journal for Numerical Methods in Fluids, 1999, 29: 251 – 264.

[107] 杨怀平, 胡事民, 孙家广. 一种实现水波动画的新算法 [J]. 计算机学报, 2002, 25(6): 612 – 617.

[108] 周尚志, 刘明群, 梁斌, 等. 物理细胞自动机在模拟混凝土破坏过程的应用 [J]. 武汉大学学报(工学版), 2006, 39 (5): 35 – 45.

[109] 李明田, 冯夏庭. 模拟岩石破坏过程的物理细胞演化力学模型 [J]. 岩石力学与工程学报, 2003, 22(10): 1656 – 1660.

[110] 周辉, 王泳嘉, 谭云亮, 等. 岩体破坏演化的物理细胞自动机(PCA) (Ⅰ) ——基本模型 [J]. 岩石力学与工程学报, 2002, 21(4): 475 – 478.

[111] 周辉, 谭云亮, 冯夏庭. 岩体破坏演化的物理细胞自动机(PCA) (Ⅱ) ——模拟例证 [J]. 岩石力学与工程学报, 2002, 21(6): 782 – 786.

[112] 金龙, 王锡朝. 岩石材料渐变破裂的重正化群方法研究 [J]. 石家庄铁道学院学报, 2001, 14 (4): 47 – 50.

[113] 周宏伟, 谢和平. 孔隙介质渗透率的重正化群预计 [J]. 中国矿业大学学报, 2000, 29 (3): 244 – 248.

[114] 陈忠辉, 谭国焕, 杨文柱. 岩石脆性破裂的重正化研究及数值模拟 [J]. 岩土工程学报, 2002, 24 (2): 183 – 187.

[115] 谭罗荣. 关于黏土岩崩解、泥化机理讨论 [J]. 岩土力学, 2001, 22 (1): 1 – 5.

[116] 韩彦辉, 刘波. 饱和圆柱岩石试件孔隙弹性响应 FLAC 数值模拟 [C] // 第 9 届全国岩石力学大会论文集. 北京: 科学出版社, 2006.

[117] Terzaghi K, Peck R B. Soil mechanics in engineering practice [M]. 2nd ed. New York: John Wiley & Sons, 1967.

[118] Peck R B. Deep excavation and tunneling in soft ground [C] //Proceedings of the 7th International Conference on Soil Mechanics and Foundation Engineering, State - of - the - Art - Volume, Mexico City, 1969: 225 - 290.

[119] 曾国熙, 潘秋元, 胡一峰. 软黏土地基基坑开挖性状的研究 [J]. 岩土工程学报, 1988, 10(3): 13 - 22.

[120] 高大钊. 软土深基坑支护技术中的若干土力学问题 [J]. 岩土力学, 1995, 16(3): 1 - 6.

[121] 刘建航, 侯学渊. 基坑工程手册 [M]. 北京: 中国建筑工业出版社, 1997.

[122] 宋二祥. 土工结构安全系数的有限元计算 [J]. 岩土工程学报, 1997(2): 4 - 10.

[123] 杨敏, 熊巨华, 冯又全. 基坑工程中的位移反分析技术与应用 [J]. 工业建筑, 1998, 28 (9): 1 - 6.

[124] Youssef M A, Camilo M, Kershaw K A, et al. Temperature correction and strut loads in central artery excavations. [J]. Journal of geotechnical and geoenviromental engineering, 2000, 129 (6): 495 - 505.

[125] Ou C Y, Liao J T, Cheng W L. Building response and ground movements induced by a deep excavation [J]. Geotechnique, 2000, 50 (3): 209 - 220.

[126] 杨光华. 深基坑支护结构的实用计算方法及其应用 [J]. 岩土力学, 2004, 25(12): 1885 - 1896.

[127] 胡敏云, 夏永承, 高渠清. 桩排式支护护壁桩侧土压力计算原理 [J]. 岩石力学与工程学报, 2000, 19(3): 376 - 379.

[128] 高文华, 杨林德, 沈蒲生. 香港广场深基坑围护结构变形的时空效应分析 [J]. 湖南大学学报(自然科学版), 2000, 27(1): 86 - 89.

[129] 邓子胜, 邹银生, 王贻荪. 考虑位移非线性影响的深基坑土压力计算模型研究 [J]. 工程力学, 2004, 21(1): 107 - 111.

[130] 刘全林, 杨有莲. 加筋水泥土斜锚桩基坑维护结构的稳定性分析及其应用 [J]. 岩石力学与工程学报, 2005, 24(52): 5331 - 5336.

[131] 王立明, 高广运, 郭院成. 单支点桩锚支护结构的侧移计算 [J]. 地下空间与工程学报, 2005, 1(4): 510 - 513.

[132] Richard J Finno, Tanner Blackburn J, Jill F Roboski. Three - dimensional effects for supported excavations in clay [J]. Journal of Geotechnical and Geoenvironmental Engineering, 2007, 133 (1): 30 - 36.

[133] Paul Simon Dimmock, Robert James Mair. Estimation of building damage due to excavation - induced ground movements [J]. Tunneling and Underground Space Technology, 2008, 23: 438 - 450.

[134] 龚晓南, 高有潮. 深基坑工程设计施工手册 [M]. 北京: 中国建筑工业出版社, 1998: 2 - 3.

[135] 陈祖煜, 迟鸣, 孙平, 等. 计算柔性支挡结构主动土压力的简化方法 [J]. 岩土工程学报, 2010, 31(增1): 22 - 27.

[136] 殷宗泽, 袁俊平, 韦杰, 等. 论裂隙对膨胀土边坡稳定的影响 [J]. 岩土工程学报, 2012, 34(12): 2155 - 2161.

[137] 郑颖人, 赵尚毅. 边(滑) 坡工程设计中安全系数的讨论 [J]. 岩石力学与工程学报, 2006(9): 1937 - 1940.

[138] 郑刚, 刁钰. 超深开挖对单桩的竖向荷载传递及沉降的影响机理有限元分析 [J]. 岩土工程学报, 2009, 37(6): 638 - 643.

[139] 孙钧. 隧道力学问题的若干进展 [J]. 西部探矿工程, 1993(4): 1 - 7.

[140] 杜修力, 张雪峰, 张明聚, 等. 基于证据理论的深基坑工程施工风险综合评价 [J]. 岩土工程学报, 2014, 36 (1): 155 - 161.

[141] 贾金青, 郑卫锋, 陈国周. 预应力柔性支护技术的数值分析 [J]. 岩石力学与工程学报, 2005, 24(21): 3978 - 3982.

[142] 龚晓南. 基坑工程发展中应重视的几个问题 [J]. 岩土工程学报, 2006(S1): 1321 - 1324.

[143] 崔宏环, 张立群, 赵国景. 深基坑开挖中双排桩支护的的三维有限元模拟 [J]. 岩土力学, 2006(4): 662 - 666.

[144] 徐中华, 王建华, 王卫东. 上海地区深基坑工程中地下连续墙的变形性状 [J]. 土木工程学报, 2008, 41(8): 81 - 86.

[145] 刘开云, 魏博, 刘保国. 边坡变形时序分析的进化自适应神经模糊推理模型 [J]. 北京交通大学学报, 2012, 36(1): 56 - 62.

[146] 王宁, 黄铭. 开挖作用下的深基坑变形神经神经网络监测模型 [J]. 上海交通大学学报, 2009, 6: 990 - 993.

[147] 丁德馨. 弹塑性位移反分析的智能化方法及其在地下工程中的应用 [D]. 上海: 同济大学, 2000.

[148] 熊孝波, 桂国庆, 郑明新, 等. 基于免疫 RBF 神经网络的深基坑施工变形预测 [J]. 岩土力学, 2008 (增): 598 - 602.

[149] 廖展宇, 李英, 晏鄂川. 非等间隔时序灰色模型的深基坑变形预测研究 [J]. 合肥工业大学学报(自然科学版), 2009, 32(10): 2522 - 525.

[150] 范臻辉, 肖宏彬, 王永和. 膨胀土与结构物接触面的力学特性试验研究 [J]. 中国铁道科学, 2006, 27(5): 13 - 16.

[151] 黎鸿, 颜光辉, 崔同建, 等. 基于灰色理论的膨胀土场地基坑支护结构变形预测 [J]. 四川建筑, 2012, 32(4): 195 - 197.

[152] 岳大昌, 李明, 苏子将. 成都某膨胀土基坑变形分析 [J]. 施工技术, 2013, 42(9): 41 - 44.

[153] 卫志强, 杨敏. 基于膨胀力作用在膨胀土基坑支护设计中的应用研究 [J]. 四川建筑科学研究, 2014, 40(6): 127 - 129.

[154] 贾磊柱, 胡春林, 杨新. 考虑膨胀土抗剪强度衰减特性的深基坑支护工程设计研究 [J]. 岩土工程学报, 2014, 36(增1): 66 - 71.

[155] 彭莹. 双排桩基坑支护在膨胀土地区的工程应用 [J]. 土工基础, 2013, 27(6): 1 - 3.

[156] 邓长茂, 李镜培. 合肥膨胀土基坑工程事故分析与预防 [J]. 结构工程师, 2011, 27(1): 105 - 109.

[157] 杨果林, 滕珂, 秦朝辉. 膨胀土侧向膨胀力原位试验研究 [J]. 中南大学学报(自然科学版), 2014, 45(7): 2326 - 2332.

[158] 郑新秀. 锚杆与膨胀土相互作用机理及试验研究 [D]. 湖南大学, 2014.

[159] 吴顺川, 潘旦光. 膨胀土边坡自平衡预应力锚固方法研究 [J]. 岩土工程学报, 2008(4): 492 - 497.

[160] 李凡, 邵蒙新. 锚杆在膨胀土滑坡治理中的应用 [J]. 土工基础, 2002(4): 24 - 26.

[161] 丁振洲, 王敬林, 郑颖人, 等. 膨胀土地层扩底锚杆试验研究 [J]. 地下空间与工程学报, 2006(5): 753 - 756.

[162] 邹文. SMW 工法结合预应力锚杆在弱膨胀土深基坑支护中的应用 [J]. 四川建材, 2016, 42(1): 134 - 136.

[163] Terzaghi K. Stress distribution in dry and in saturated sand above a yielding trap - door [C] // Proceedings of First International Conference on Soil Mechanics and Foundation Engineering. Cambridge, Massachusetts, 1936: 307 - 311.

[164] 彭明祥. 挡土墙主动土压力的库仑统一解 [J]. 岩土力学, 2009, 30(2): 379 - 386.

[165] 彭明祥. 挡土墙被动土压力的滑移线解 [J]. 岩土工程学报, 2011, 33(3): 460 - 469.

[166] 姜朋明, 陆长峰, 梅国雄. 不连续应力边界土压力的严密解法 [J]. 岩土工程学报, 2008, 30(4): 498 - 502.

[167] Handy R L. The arch in soil arching [J]. Journal of Geotechnical Engineering, 1985, 111(3): 302 - 318.

[168] 蒋波, 应宏伟, 谢康和. 挡土墙后土体拱效应的分析 [J]. 浙江大学学报(工学版), 2005, 39(1): 131 - 136.

[169] 应宏伟, 蒋波, 谢康和. 考虑土拱效应的挡土墙主动土压力分布 [J]. 岩土工程学报, 2007, 29(5): 717 - 722.

[170] 徐日庆, 龚慈, 魏纲, 等. 考虑平动位移效应的刚性挡土墙土压力理论 [J]. 浙江大学学报(工学版), 2005, 39(1): 119 - 122.

[171] 杨庆光, 刘杰, 何杰, 等. 平移模式下挡墙非极限土压力计算方法 [J]. 岩石力学与工程学报, 2012, 31(增1): 3099 - 3406.

[172] 刘涛, 钱明, 赵琦, 等. 绕墙顶转动位移模式下黏性土挡土墙的被动土压力研究 [J]. 中国科技论文, 2015, 10(1): 35 - 38.

[173] 王元战, 李蔚, 黄长虹. 墙体绕基础转动情况下挡土墙主动土压力分布 [J]. 岩土工程学报, 2003, 25(2): 208 - 211.

[174] Sherif M A, Fang Y S, Sherif R I. KA and K0 behind rotating and non - yielding walls [J]. Journal of Geotechnical Engineering, 1984, 110(1): 41 - 56.

[175] Fang Y S, Ishibashi I. Static earth pressure with various wall movements [J]. Journal of Geotech-

nical Engineering, 1986, 112(3): 317-333.

[176] Fang Y S, Chen T J, Wu B F. Passive earth pressure with various wall movements. Journal of Geotechnical Engineering, 1994, 120: 1307-1323.

[177] 周应英, 任美龙. 刚性挡土墙主动土压力的试验研究 [J]. 岩土工程学报, 1990, 12(2): 19-26.

[178] 周健, 高冰, 彭述权. 不同位移模式下挡土墙的模型试验及数值模拟 [J]. 岩石力学与工程学报, 2011, 30(增2): 3721-3727.

[179] 何颐华, 杨斌, 金宝森, 等. 深基坑护坡桩土压力的工程测试及研究 [J]. 土木工程学报, 1997, 20(1): 16-24.

[180] 岳祖润, 彭胤宗, 张师德. 压实黏性填土挡土墙土压力离心模型试验 [J]. 岩土工程学报, 1992, 14(6): 90-96.

[181] 梅国雄, 宰金珉. 考虑位移影响的土压力近似计算方法 [J]. 岩土力学, 2001, 22(4): 83-85.

[182] 张连卫, 张建民. 考虑各向异性的土压力离心模型试验研究 [J]. 长江科学院院报, 2012, 29(2): 68-71.

[183] 刘晓立, 严驰, 吕宝柱, 等. 柔性挡墙在砂性填土中的土压力试验研究 [J]. 岩土工程学报, 1999, 21(4): 505-508.

[184] 刘斯宏, 薛向华, 樊科伟, 等. 土工袋柔性挡墙位移模式及土压力研究 [J]. 岩土工程学报, 2014, 36(12): 2267-2273.

[185] 谭跃虎, 钱七虎. 作用于支护结构的土压力测试与分析 [J]. 建筑技术, 1998(增刊): 250-252.

[186] 陈祖煜, 迟鸣, 孙平, 等. 计算柔性支挡结构主动土压力的简化方法 [J]. 岩土工程学报, 2010, 31(增1): 22-27.

[187] 黄雪峰, 李佳, 崔红, 等. 非饱和原状黄土垂直高边坡潜在土压力原位测试试验研究 [J]. 岩土工程学报, 2010, 32(4): 500-506.

[188] 黄雪峰, 张蓓, 覃小华, 等. 悬臂式围护桩受力性状与土压力试验研究 [J]. 岩土力学, 2015, 36(2): 340-346.

[189] 毕鑫. 深基坑桩锚支护结构现场试验及数值模拟研究 [D]. 秦皇岛: 燕山大学, 2011.

[190] Brooks R H, Corey A T. Hydraulic Properties of Porous Media [M]. Montreal: McGill-Queen's University Press, 1964.

[191] Van Genuchten, Th M, et al. The RETC code for quantifying the hydraulic functions of unsaturated soils [R]. EPA Report 600/2-91/065. US Salinity Laboratory, USDA, ARS, Riverside, CA.

[192] Fredlund D G, Rahardjo H. Soil mechanics for unsaturated soils [M]. New York: John Wiley & Sons, 1993.

[193] Bishop A W. The measurement of pore pressure in the triaxial test [J]. Pore pressure and suction in soil, 1961: 38-46.

[194] Bishop A W, Blight G E. Some aspects of effective stress in saturated and unsaturated soils [J].

Geotechnique, 1963, 13(3): 177 - 197.

[195] Fredlund, Rahardjo. Soil mechanics for unsaturated Soils [M]. New York: John Wiley & Sons, 1993.

[196] 沈珠江. 广义吸力和非饱和土的统一变形理论 [J]. 岩土工程学报, 1996, 18(2): 1 - 9.

[197] 卢肇钧, 吴肖茗, 孙玉珍, 等. 膨胀力在非饱和土强度理论中的作用 [J]. 岩土工程学报, 1997(05): 22 - 29.

[198] 缪林昌, 殷宗泽. 非饱和土的剪切强度 [J]. 岩土力学, 1999, 20(3): 1 - 6.

[199] 谢定义. 21世纪土力学的思考 [M]. 岩土工程学报. 1997, 19 (4).

[200] Israelachvili J N. Intermolecular and surface forces [M]. 2nd ed. New York: Academic Press, 1991.

[201] Murray J W, Dillard J G, Giovanoli R, et al. Oxidation of Mn(II) - initial mineralogy, oxidation - state and aging [J]. Geochim Cosmochim Acta, 1985, 49: 463 - 470.

[202] Churaev N V, Sobolev V D. Disjoining pressure of thin unfreezing water layers between the pore walls and ice in porous bodies [J]. Colloid Journal, 2002, 64(4): 508 - 511.

[203] Murray C B, Kagan C R, Bawendi M G. Self - organization of CdSe nanocrystallites into 3 - dimensional quantum - dot superlattices [J]. Science, 1995, 270: 1335 - 1338.

[204] Paunov V N. Novel method for determining the three - phase contact angle of colloid particles adsorbed at air - water and oil - water interfaces [J]. Langmuir, 2003, 19(19): 7970 - 7976.

[205] Quirk J P. Soil permeability in relation to sodicity and salinity [J]. Phil. Trans. R. Soc. Lond., 1986, 316: 297 - 317.

[206] Verwey E J W, Over beek, J G. Theory of the stability of lyophobic colloids [M]. New York: Elsevier Publishing Company, Inc., 1948.

[207] Tessier D. Clay Materials: Structure, Properties and Applications [M]. DECARREAU A, ed. Paris: French Society of Minéralogie and Crystallography, 1990.

[208] Warkentin B P, Bolt, Miller R D, et al. Swelling pressure of montmorillonite [J]. Soil Sci. Soc. Am. Proc. 21, 1957: 495 - 497.

[209] Low P F. The swelling of clay II Montmorillonites [J]. Soil Sci. Soc. Am. J. 1980, 44(4): 667 - 676.

[210] Von Neumann J. Theory of self - reproducingautomata [M]. Illinois: University of Illinois Press. 1996.

[211] 陈阵, 陶龙光, 李涛, 等. 支护结构作用的箱基沉降计算新方法 [J]. 岩土力学, 2009, 30(10): 2978 - 2984.

[212] 冯俊超. 深基坑桩锚支护结构模型试验研究 [D]. 秦皇岛: 燕山大学, 2013.

[213] 孙亮, 高金川. 桩-土相互作用下单桩沉降影响因素的数值分析 [J]. 探矿工程(岩土钻探工程), 2009, 36(4): 43 - 46.

[214] 彭社琴. 超深基坑支护结构与土相互作用研究 [D]. 成都: 成都理工大学, 2009.

[215] 中华人民共和国住房和城乡建设部. 建筑结构荷载规范: GB 50009—2012 [S]. 北京: 中国建筑工业出版社, 2012.

[216] 中华人民共和国住房和城乡建设部. 建筑桩基技术规范: JGJ 94—2008 [S]. 北京: 中国建筑工业出版社, 2008.

[217] 史佩栋. 桩基工程手册(桩和桩基础手册) [M]. 2 版. 北京：人民交通出版社，2015.

[218] 吴恒立. 计算推力桩的双参数法以及长桩参数的确定 [J]. 岩土工程学报，1985(3)：41 – 46.

[219] 吴恒立. 推力桩非线性全过程分析及控制性设计——综合刚度原理和双参数法 [J]. 重庆交通学院学报，2001(S1)：77 – 82.

[220] 朱百里. 计算土力学 [M]. 上海：上海科学技术出版社，1990.

[221] 中华人民共和国住房和城乡建设部. 建筑边坡工程技术规范：GB 50330—2013 [S]. 北京：中国建筑工业出版社，2013.